稀土Ce在钢中的赋存状态及对钢力学性能和腐蚀性能的影响机理研究

刘香军　杨昌桥　杨吉春 / 著

电子科技大学出版社
University of Electronic Science and Technology of China Press

· 成都 ·

图书在版编目（CIP）数据

稀土 Ce 在钢中的赋存状态及对钢力学性能和腐蚀性能
的影响机理研究 / 刘香军，杨昌桥，杨吉春著 . — 成都：
电子科技大学出版社，2023.10
ISBN 978-7-5770-0580-5

Ⅰ . ①稀… Ⅱ . ①刘… ②杨… ③杨… Ⅲ . ①稀土金
属—作用—钢—研究 Ⅳ . ① TG146.4

中国国家版本馆 CIP 数据核字（2023）第 177549 号

内容简介

伴随着科学技术的日新月异，下游制造业对钢品质的要求越发严苛，研发高强韧性、高耐腐蚀性钢种将是未来钢铁材料发展的重要方向。微量稀土的添加便可大幅度提升钢材的综合性能。本书采用理论计算结合实验操作的研究方法探索稀土 Ce 在钢中作用的微观机理；以 Ce 在钢中的不同赋存状态，固溶 Ce 及 Ce 夹杂物两个维度对钢力学性能及耐腐蚀性能展开研究，为发展稀土在钢中广泛应用提供了一定的理论依据。本书适合材料与冶金工程专业的师生及相关行业的工作人员学习参考。

稀土 Ce 在钢中的赋存状态及对钢力学性能和腐蚀性能的影响机理研究
XITU Ce ZAI GANG ZHONG DE FUCUN ZHUANGTAI JI DUI GANG LIXUE XINGNENG
HE FUSHI XINGNENG DE YINGXIANG JILI YANJIU

刘香军　杨昌桥　杨吉春　著

策划编辑　刘　愚　李述娜　杜　倩
责任编辑　李述娜
责任校对　刘　愚
责任印制　梁　硕

出版发行　电子科技大学出版社
　　　　　成都市一环路东一段 159 号电子信息产业大厦九楼　邮编　610051
主　页　www.uestcp.com.cn
服务电话　028-83203399
邮购电话　028-83201495

印　　刷　北京亚吉飞数码科技有限公司
成品尺寸　170 mm×240 mm
印　　张　11.5
字　　数　182 千字
版　　次　2025 年 1 月第 1 版
印　　次　2025 年 1 月第 1 次印刷
书　　号　ISBN 978-7-5770-0580-5
定　　价　80.00 元

前言 PREFACE

伴随着科学技术的日新月异,下游制造业对钢的品质要求越发严苛,研发高强韧性、高耐腐蚀性钢种将是未来钢铁材料发展的重要方向。微量稀土的添加便可大幅度提升钢材的综合性能。当前的相关研究以实验研究为主,理论研究较少,尤其缺乏微观尺度上的认识,致使稀土的作用本质及内在机理不明确,缺少理论指导是发展稀土在钢中广泛应用的最大瓶颈。本书采用理论计算结合实验研究的方法探索稀土Ce 在钢中作用的微观机理,以 Ce 在钢中的不同赋存状态,固溶 Ce 及Ce 夹杂物两个维度对钢力学性能及耐腐蚀性能展开研究。主要研究内容及结论如下。

基于密度泛函理论采用第一性原理计算以能量为视角研究了 Ce 原子在 α–Fe 中的占位以及钢中常见元素对 Ce 固溶的影响,计算并分析其力学性能及电子结构。结果表明, Ce 能够取代 Fe 原子占位于 α–Fe超晶胞中,不能够以间隙固溶的形式存在于基体中。体系中 Ce 原子失去电子,致使 Ce 原子半径减小,产生极化效应,这有利于 Ce 在 Fe 中的固溶。Cu、Mg、C 的掺杂不利于 Ce 在 Fe 中的固溶, Cr、Mn、Ni 对 Ce的固溶影响较小, Si、Al、Ti、V、Co、W、Mo、Nb 对 Ce 的固溶起到促进作用,且 Si 最强, Nb 最弱。O、S、N 与 Ce 之间的相互吸引力较强,而Mg、C 与 Ce 则表现为相互排斥。Ce 的掺杂降低了 Fe–Ce 掺杂体系的不可压缩性、抗剪切应变的能力、刚度以及维氏硬度,但提高了体系的韧性以及可加工性。Ce 掺杂导致体系金属键强度降低,这是体系不可压缩性、刚性和硬度降低的主要原因;另外, Ce 增加了体系中电子云的密度,这有利于掺杂体系韧性的提高。

以 Ce 处理后的洁净钢(IF 钢)为研究对象,计算 Ce 夹杂物的晶格参数、弹性常数、力学性质以及热膨胀系数等基本物理参数,定量分析夹杂物的物理性质对钢基体力学性能的影响。形成焓计算结果表明，钢中优先并稳定存在的夹杂物为 Ce_2O_3、Ce_2O_2S、$CeAlO_3$，这与热力学的分析结果相一致。经能谱分析及形成焓计算证实，Ce 能够固溶于 TiN 夹杂物中，固溶 Ce 并未改变原 TiN 夹杂物的形貌及尺寸，但降低了 TiN 夹杂物的刚性、不可压缩性以及硬度，同时改善了韧性、增大了热膨胀系数。TiN、Al_2O_3 和 $CeAlO_3$ 夹杂物的体积模量、剪切模量、杨氏模量以及维氏硬度较大，呈现出较大的刚性和硬度，表现为脆性特征，而 Ce_2O_3 和 Ce_2O_2S 夹杂物表现为韧性特征。与 Al_2O_3 和 TiN 相比，Ce_2O_3、$CeAlO_3$ 夹杂的热膨胀系数与铁基体接近，而 Ce_2O_2S 夹杂物的热膨胀系数比铁基体稍大。Ce 夹杂物与基体在不可压缩性、刚性、硬度、韧脆性及热膨胀性等方面的差异较小，钢基体塑性变形的一致性得到提升，有利于延缓微孔洞微裂纹的萌生，有助于钢材力学性能的提高。

基于第一性原理计算框架构建 Fe-Ce 掺杂体系表面模型、阳极溶解和阴极吸氧反应等相关电化学腐蚀模型，探究 Ce 在腐蚀介质环境下对钢耐蚀性影响的内在机制。研究结果显示，次表层 Ce 提高了 Fe(100)1 的功函数、降低了 Fe(100)1 的表面能量密度，使得基体平衡绝对电位升高，增强 Fe(100)1 电化学稳定性的同时降低了 Fe 基体的阳极溶解速率，进而提高了 Fe 基体的耐蚀性。当 Cl 覆盖度从 1/3 ML 逐渐增大至 1 ML 时，Fe(100)-Cesurf 体系第一层与内层 Fe 原子之间的结合能力逐渐增强，固溶在第一表层的 Ce 原子有效阻碍了表面 Fe 原子远离 Fe 基体，增大腐蚀阻力，延缓腐蚀的发生；当表面吸附 1 ML 的 Cl 时，Fe(100)-Cesub 体系结合能力较强，说明在高浓度 Cl 环境下，次表层的 Ce 原子有效地增大了 Fe 原子脱离基体的难度。

利用扫描开尔文探针力显微镜、导电性原子力显微镜以及第一性原理计算对夹杂物的表面电势、电流分布等微区电化学信息及功函数等进行监测与分析，探讨 Ce 夹杂物在海洋环境下诱发点蚀的内在机制。实验结果显示，Ce_2O_3 夹杂物的表面电势较 Fe 基体高，Ce_2O_2S、$CeAlO_3$ 夹杂物的表面电势较 Fe 基体低，但 Ce_2O_3、Ce_2O_2S、$CeAlO_3$ 均为绝缘体，且 Ce_2O_3、Ce_2O_2S、$CeAlO_3$ 夹杂物周围附近 Fe 基体并未形成明显的晶格畸变区，因此，Ce 夹杂物与 Fe 基体之间不构成电偶腐蚀。夹杂物与 Fe 基体功函数从小到大的顺序为：$Ce_2O_2S<Ce_2O_3<CeAlO_3<Fe$ 基

体 $<Al_2O_3$，该顺序与浸泡实验中夹杂物和 Fe 基体的溶解顺序相吻合。Ce_2O_3、Ce_2O_2S、$CeAlO_3$ 夹杂物自身溶解且优先于 Fe 基体溶解，这是诱发腐蚀萌生的主要原因。

本书基于科学事实，结合作者的研究工作及此领域的重要文献撰写而成。本书利用作者近年关于稀土在钢中作用机理等方面的研究成果，对其力学性能及腐蚀性能特性进行系统的分析和探究，旨在明晰固溶稀土和稀土夹杂物在钢中扮演的角色，为稀土在钢中的应用和推广奠定理论基础。

在本书的撰写过程中，作者不仅参阅、引用了很多国内外相关文献资料，而且得到了同事亲朋的鼎力相助，在此一并表示衷心的感谢。由于作者水平有限，书中疏漏之处在所难免，恳请同行专家以及广大读者批评指正。

作　者
2023 年 7 月

目录 contents

第 1 章　文献综述

1.1　钢中夹杂物的研究现状

近年来,随着钢铁工业的迅速发展,洁净钢冶炼等技术获得了长足进步,钢品质大幅度提高,但钢中仍然不可避免地含有氧、硫、氮等杂质元素。在脱氧、脱硫、去氮等冶炼过程中,生成的氧化物、硫化物、氮化物等夹杂物或多或少残存于钢液中,严重破坏钢基体的连续性,恶化钢的性能。当前科学技术日新月异,下游制造业对钢的品质要求越发严苛,对钢中夹杂物的控制技术提出了更高的要求,研发高强韧性、高耐腐蚀性等钢种已成为各科研单位的研究热点。

1.1.1　夹杂物对钢力学性能的影响

夹杂物对钢力学性能起着负面的影响,其成分、形貌、数量以及分布等均不同程度地影响钢的强度、塑性、断裂韧性、耐疲劳性等。

1.1.1.1　夹杂物对钢强韧性的影响

通常钢中的夹杂物(如 Al_2O_3、TiN)的硬度远大于钢基体,在夹杂物的犄角处容易产生应力集中现象,或者当夹杂物和钢基体的结合力较弱时,容易在夹杂物与钢基体界面处产生微孔洞,降低钢的强度。许中波指出,氧化夹杂对钢冲击韧性、断面收缩率等韧性指标的影响程度

远大于钢的强度性质,总氧含量显著影响钢的冲击韧性。Singh 等人利
用超声相控阵系统对钢中缺陷进行定位和识别。研究结果显示,氧化
铝夹杂物的存在强烈地影响了裂纹启动机制。在氧化铝夹杂物附近的
钢基体中我们可以观察到大量的应力分布,但在裂纹附近应力有减弱
的趋势,因此,断定氧化铝夹杂物是应力集中的诱因,导致裂纹的产生。
另外,裂纹表面晶粒的晶格应变小于其他晶粒,弱氧化铝界面的应力晶
粒是潜在的裂纹萌生点,氧化铝夹杂物的聚集使裂纹扩大,裂纹通过晶
界扩展。曾光廷等人的研究结果显示,钢中残余硫元素主要以硫化夹
杂(MnS)的形式赋存于基体中,在外应力作用下,长条状硫化夹杂较氧
化夹杂、氮化夹杂和碳化夹杂更容易产生微孔洞,更易诱发微裂纹的萌
生,高强钢横向断面收缩率随着钢中硫化夹杂数量的增多而显著降低;
Krafft 断裂模型分析结果显示,硫较碳对钢韧性的影响更为敏感,该结
论与 Maciejewski 的研究结果基本一致,不溶碳化物和硫化物可作为裂
纹核,使断裂韧性降低 25%~50%。Volchuk 等人利用分形理论研究了
夹杂物对钢力学性能的影响。分形维数表明,夹杂物对 S355J2 钢的冲
击韧性有很强的影响(R^2=0.89),这是由于夹杂物降低了钢基体抗裂纹
扩展的能力。

1.1.1.2 夹杂物对钢疲劳性的影响

钢疲劳性主要包括两个阶段:裂纹萌生和裂纹扩展。当前针对钢
疲劳性的研究主要集中在裂纹萌生阶段。研究显示,裂纹多在钢基体内
部缺陷处(夹杂物附近)萌生。因夹杂物与钢基体的热膨胀性差异较大,
致使两者塑性变形的一致性较差,钢中应力无法实现有效传递,在夹杂
物周围容易发生应力集中现象,极易诱发裂纹萌生。Kiessling 等人根
据夹杂物的热膨胀系数确定其对钢疲劳性的影响程度为钙铝酸盐 > 氧
化铝 > 尖晶石,硬脆性氧化夹杂物(Al_2O_3、$MgO \cdot Al_2O_3$ 等)较韧性硫
化夹杂物(MnS 等)危害大。夹杂物形貌与应力集中程度紧密相关,不
规则、带犄角、曲率半径较小的夹杂物造成的应力集中程度较为严重,
尖角处极易诱发裂纹,非球形夹杂物较球形夹杂物危害大。Abyazi 等
人指出疲劳各向异性与夹杂物在纵向和横向面的不同特征以及晶体组
织有关,并且致使疲劳裂纹萌生方式由基体向球形夹杂转变。夹杂物大
小显著影响裂纹的萌生及扩展,Hong 等人根据夹杂物尺寸和应力比对

高强钢疲劳强度影响的实验结果,建立了鱼眼型疲劳强度预测模型,分别计算了从细颗粒区到鱼眼和从鱼眼到临界裂纹尺寸的疲劳寿命,同时估计了细颗粒区内部裂纹扩展速率。结果表明,细颗粒区的形成是影响疲劳寿命的主要原因。当夹杂物尺寸增大一倍时,疲劳寿命降低两个数量级。Zhang 等人的研究结果显示,塑性硫化物以及半塑性氧硫化物诱发裂纹萌生的临界尺寸分别为 300 μm 和 65 μm,而当轴承钢中夹杂物直径大于 16 μm 时,裂纹萌生的概率可达 100%。

夹杂物种类、变形能力、形貌、数量以及在钢中的分布等都会对钢的力学性能产生显著性影响,要实现夹杂物完全去除是十分困难的。当前对夹杂物以调控为主,行之有效的方法是对其进行变性处理。例如,钙处理技术,通过添加适量的钙,使氧化铝变为熔点较低的钙铝酸盐,有利于其上浮进入渣液;钙脱氧的同时还能够脱硫,避免 MnS 生成,在 CaO 或 CaO · Al$_2$O$_3$ 的外层优先发生脱硫反应,生成 CaS。低熔点、塑性好的球形夹杂物有利于改善钢的各向异性,对钢力学性能的提高起着积极的作用。

1.1.2　夹杂物对钢腐蚀性能的影响

夹杂物与钢基体存在性质上的差异,钢基体表面生成的保护膜在夹杂物处变得薄弱,造成夹杂物与基体界面优先腐蚀,界面处局部腐蚀容易向基体深处渗透,从而造成点蚀。通过研究氧化物、硫化物及其复合夹杂物的腐蚀行为发现,硫化物容易受到腐蚀介质的侵蚀,因为此处的电位比其他区域的钢基体电位较低,且硫化物的电导率比周围的氧化物的电导率大,所以硫化物更易引发点蚀。

不同类型的夹杂物具有不同的点蚀诱发机理。当前夹杂物诱发点蚀萌生的机理主要包括以下三种:(1)夹杂物在腐蚀介质下发生溶解诱发点蚀,例如,Williams 等人的研究结果显示,在 Cl$^-$ 介质环境下,MnS 夹杂物自身会发生溶解;(2)夹杂物周围钢基体发生溶解诱发点蚀;(3)夹杂物与钢基体之间构成微电偶诱发点蚀,例如,Torkkeli 等人认为,在超低碳钢中 MnS 夹杂物与钢基体之间形成电偶是导致早期局部腐蚀的主要原因。

在 Cl$^-$ 介质环境下,硫化物(MnS 或 FeS)可发生自身溶解并形成微孔洞或微缝隙,硫化物溶解的同时产生 H^+ 或 H_2S,将会破坏孔内部的再钝化,从而进一步促使腐蚀发生。这类夹杂物诱发点蚀的模型如图 1.1 所示,主要包括如下三个阶段:(1)夹杂物溶解形成微孔洞;(2)Cl– 大量汇集在微孔洞中的点蚀萌生阶段;(3)孔口腐蚀产物的塞积导致传质困难,形成闭塞自催化区域,致使孔内氧浓度降低并与孔外高氧浓度富集区形成"供氧差异电池"。为了维持电中性,孔外 Cl^- 向孔内迁移,孔内 Fe 基体发生水解反应,致使 H^+ 浓度升高,使孔内的 Fe 基体处于活化状态,催化亚稳态点蚀的不断繁殖生长。

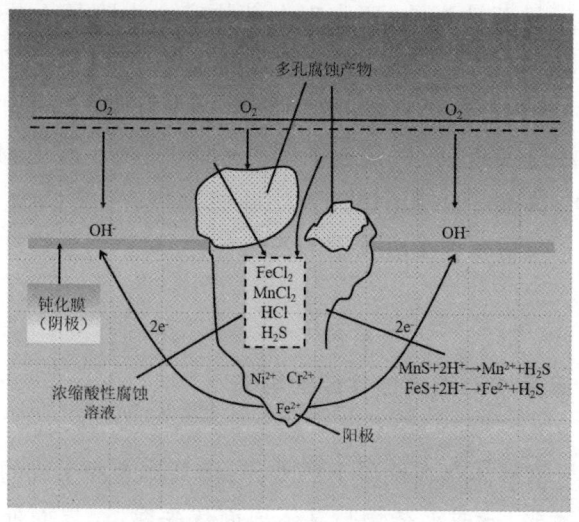

图 1.1 NaCl 溶液中硫化物(MnS,FeS)诱发点蚀机理示意图

李晓刚教授团队借助扫描开尔文探针力显微镜(SKPFM)和电流检测原子力显微镜(CS–AFM)等微区电化学手段发现 ZrO_2–Ti_2O_3–Al_2O_3 复合夹杂物的电势比周围钢基体高,且 ZrO_2–Ti_2O_3–Al_2O_3 复合夹杂物为绝缘体,其与周围钢基体无法形成微电偶腐蚀。ZrO_2–Ti_2O_3–Al_2O_3 复合夹杂物的腐蚀过程如图 1.2 所示。ZrO_2–Ti_2O_3–Al_2O_3 复合夹杂物在腐蚀过程中未发生溶解反应,但与其接触的高位错区钢基体发生了溶解。随着腐蚀离子的富集,高位错区继续溶解并促进局部腐蚀的扩展。随着氧浓度的增加和酸化自催化电池的形成,微坑进一步扩大。

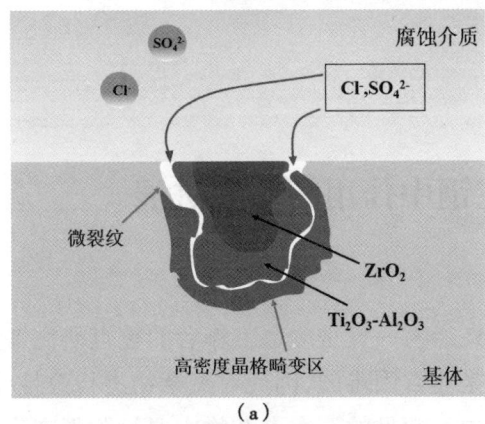

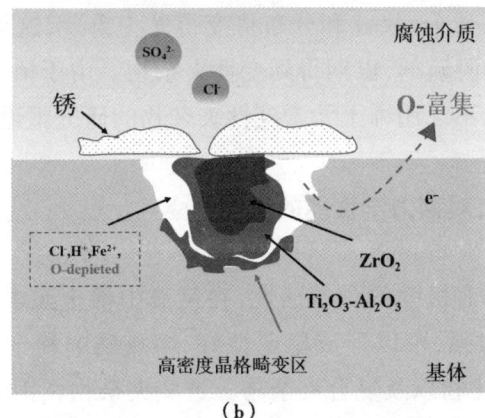

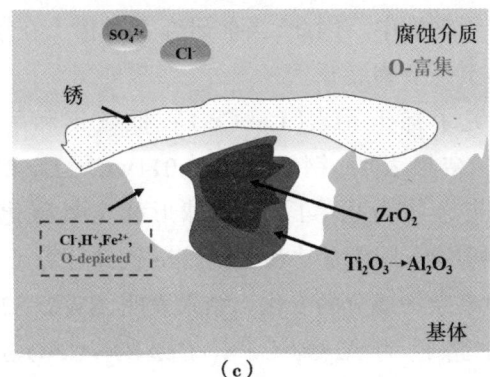

图 1.2 ZrO$_2$-Ti$_2$O$_3$-Al$_2$O$_3$ 复合夹杂物点蚀萌生和扩展过程示意图

除性质上的差异外,夹杂物尺寸也是诱发点蚀的重要因素之一。有研究指出,小于 1 μm 的夹杂物很少能够转变成点蚀形核起源的核心。因此,控制钢中夹杂物的大小和数量是提高耐蚀性的有效途径之一。

1.2   稀土在钢中作用的研究进展

去除和控制夹杂物一直是冶金工作者的重点研究课题,但要完全去除钢中的夹杂物是非常困难的,因此对夹杂物进行改性处理是目前行之有效的方法。钢中最常见的有害夹杂物主要是脱氧产物和脱硫产物,如何调控夹杂物的成分、尺寸和分布将变得尤为重要,这促使研究人员开发新的脱氧剂和脱硫剂,以期得到变性夹杂物。由于稀土元素出色的脱氧、脱硫能力,已不乏用稀土元素变性夹杂物的研究报道。

1.2.1   稀土对钢力学性能的影响

稀土金属具有极强的化学活性,在钢液中稀土元素与氧、硫等杂质元素的亲和力很强,可以形成稳定性好、熔点高的稀土氧化物、稀土氧硫化物、稀土硫化物以及复合夹杂物。这些夹杂物在钢液凝固初期容易聚集上浮而进入渣中,但仍有部分稀土夹杂物呈弥散状态或因聚集形式不能上浮而残留于钢液中。因此,当前研究者对稀土在钢中应用的基础研究主要围绕稀土夹杂物展开。

Liu 等人研究了稀土元素(La+Ce)在低碳钢和耐候钢中对夹杂物改性的影响。结果表明,钢中加入 0.011wt.% La 和 0.030wt.% Ce 后,钢中主要的夹杂物为 0.5~1 μm 的球形稀土氧硫化物和稀土硫化物。Wang 等人利用经典热力学和 Factsage 软件计算了不同 Ce 含量下(0~0.0034wt.%)夹杂物成分的变化。结果表明,SWRS82B 钢中的 Al_2O_3 夹杂物的改性路径为 $Al_2O_3>Ce_2S_3+CeAlO_3+Ce_2O_2S+Al_2O_3>Ce_2S_3+Ce_2O_2S/Ce_2S_3+Ce_2O_2S>Ce_2S_3+Ce_2O_2S$。Ce 含量为 0.023%~0.030% 时,$CeAlO_3$ 夹杂物逐渐消失;Ce 含量为 0.023% 时,SWRS82B 钢中的夹杂物呈现最佳特征,夹杂物尺寸最小,在 3.52~4.84 μm 范围内,且分布基本均匀。Liu 等人分析了 RE(RE=La,Ce)对 MnS 和 Al_2O_3 夹杂物的变性效果,加入适量稀土后(0.012wt.%~0.022wt.% RE)718H 模具钢中的 MnS 和 Al_2O_3 夹杂物完全转变为椭球状 RE_2O_3、RES、RE_2O_2S 和 $REAlO_3$ 等稀土夹杂物,且直径超过 10 μm 的大尺寸夹杂物减少了 11.5%。

稀土对夹杂物的变性作用已广泛得到了试验验证,当前针对稀土夹杂物对钢力学性能的影响也进行了大量的试验研究工作。Song 等人报道,添加 0.021wt.% 稀土(La+Ce)后,由于稀土对夹杂物的改性作用,C-Mn 钢的拉伸强度和冲击性能均得到了显著提高。Gong 等人研究了稀土 Ce 对 LDX2101 双相不锈钢力学性能的影响,Ce 含量为 0.02wt.% 时,便可将钢中不规则的大尺寸的 Al_2O_3 和 Al_2O_3-MnS 夹杂物完全变性为球形且尺寸较小的 $CeAlO_3$、Ce_2O_2S 和 Ce_2O_3 夹杂物。此时试验钢的抗拉强度、屈服强度和延伸率分别提高了 4.69%、2.83% 和 4.9%,不含 Ce 钢的冲击断裂模式为解理断裂,而添加 0.02wt.% Ce 后,断裂模式转变为解理和韧窝的混合断裂。康健等人研究了稀土(La+Ce)对工业化试验冶炼螺纹钢筋的低温冲击韧性的影响。结果显示,添加 0.0061wt.% La+Ce 试样无论在 -40 ℃ 还是 -60 ℃ 下的冲击功均高于未添加稀土试样。-40 ℃ 冲击功由 7.55 J 升至 10.7 J,提升了 41.72%;-60 ℃ 冲击功由 5.6 J 升至 8.0 J,提升了 42.86%。Torkamani 等人分析了稀土元素(La+Ce)对低碳铌微合金钢冲击韧性的贡献。稀土处理后,冲击功由 63 J 提高到 100 J,主要归因于夹杂物的变化,由 MnS 夹杂物变性为(RE,Al)(S,O)和 RES 稀土夹杂物。武利平等人以稀土代铌的设计理念,研究了稀土对含 Nb 结构钢低温冲击韧性的影响,试验钢中 Nb 及 RE(La+Ce)的含量分别为 0.025wt.%~0.030wt.% Nb 和 0.0036wt.%~0.0051wt.% RE。在 -40 ℃ 冲击试验时,横向冲击功随稀土含量的增加呈现出先增加后降低再升高的趋势,纵向冲击功呈先增加后降低的趋势,横向冲击功的变化规律相比于纵向的更明显,稀土含量为 0.0036wt.% 时,横向和纵向吸收冲击功均达到最大值。在 -60 ℃ 冲击试验时,横向冲击功随稀土含量的增加也呈现出先增加后降低再升高的趋势,但纵向冲击功无明显规律。总体来说,采用稀土代铌是合理的,添加适量稀土可以提升含 Nb 结构钢的低温冲击韧性。Yang 等人对含稀土和不含稀土的轴承钢试样进行超声拉压疲劳试验。结果表明,添加 0.0065wt.%RE 可使轴承钢的疲劳寿命延长 10 倍以上,疲劳强度

由 720 MPa 提高到 788 MPa。主要原因是稀土的加入对轴承钢中常见
的 $CaO-Al_2O_3-MgO-SiO_2-CaS$ 夹杂物进行了有效变性,生成复杂的稀
土夹杂物,且夹杂物尺寸和数量均显著减小。与不添加稀土的轴承钢相
比,添加稀土的轴承钢的裂纹萌生寿命更长,这主要是由于生成的复杂稀
土夹杂物的内部结合力较强,增强了夹杂物与钢基体的界面结合力。

　　针对稀土或稀土夹杂物对钢力学性能的影响规律,现有实验结果
尚存争议。例如,尚卿等人对包钢 2250 mm 热轧生产线生产的含稀土
Q345B 钢热轧板带的拉伸性能进行了测试。研究结果显示,稀土对提
高 Q345B 钢屈服强度及抗拉强度的效果并不明显,甚至没有改善。再
者,Gao 等人的研究结果指出,随着稀土含量的增加,由于形成了较大
的稀土夹杂物,H13 钢冲击韧性逐渐降低。当前报道的研究结果多为
描述实验现象或数据,鲜有涉及稀土夹杂物改善钢力学性能的机理分
析和讨论,诸如稀土夹杂物是如何影响裂纹的萌生和扩展的目前尚不清
楚,缺乏理论支撑。当前稀土变性夹杂物的研究工作还是集中在实验研
究方面,理论研究成果较少。同时,为了避免实验研究中非实验因素的
干扰,运用新的研究方法对夹杂物进行理论研究已迫在眉睫。

1.2.2　稀土对钢腐蚀性能的影响

　　夹杂物对钢腐蚀性能的影响是负面的,例如,MnS 和 Al_2O_3 夹杂物
经常作为局部腐蚀的萌生点显著恶化钢的耐腐蚀性。由于稀土具有的
特殊的活性,钢中加入微量稀土便可有效捕获硫和氧,并抑制 MnS 和
Al_2O_3 等夹杂物的形成。当前,稀土提高钢材耐腐蚀性的作用已广泛
获得实验证实。

　　Yu 等人研究了稀土 Ce 对铁素体不锈钢点蚀行为的影响。研究
表明,Ce 的加入(0.011wt.%~0.034wt.%)改变了可溶性活性硫化物
(MnS)或氧化物(SiO_2,MnO)中夹杂物的类型,使之转变为非活性的
稀土夹杂物,有效抑制了点蚀的萌生;稀土夹杂物的尺寸较小,有效减
少了夹杂物与钢基体的界面面积,抗点蚀能力得到增强;但 Ce 含量过
高(大于 0.034wt.%)时会导致夹杂物的尺寸和数量同时增大,大夹杂
物周围会形成较强的应力场,并在夹杂物与钢基体的界面处优先发生点
蚀,从而降低抗点蚀能力。Suter 等人及 Zhang 等人的研究结果显示,在

夹杂物与钢基体的界面处,电化学反应强度最高,与钢基体相比,稀土夹杂物表现出较高的腐蚀倾向,从而导致夹杂物与钢基体在界面处发生选择性溶解。Wei 等人研究了 $(RE)_2O_2S$ 夹杂物的初始腐蚀行为,点蚀是由夹杂物溶解引起的,但包含了两种不同的溶解机制:$(RE)_2O_2S$ 组分优先溶解形成微孔洞,在夹杂物与钢基体的界面处溶解形成微缝隙。原位扫描振动电极技术(SVET)分析结果表明,夹杂物的溶解诱发了点蚀的电化学活性,在夹杂物处发现了一个极深的阳极电流密度峰值,腐蚀区域和周围的钢基体分别作为电化学反应的阳极和阴极;夹杂物完全溶解后,局部电流密度显著下降,从而抑制了局部腐蚀的扩展;腐蚀产物主要为纤铁矿(γ-FeOOH)、磁铁矿(Fe_3O_4)、赤铁矿(α-Fe_2O_3)和针铁矿(α-FeOOH),α-FeOOH 是最稳定的羟基氧化铁,是保护层的主要相,γ-FeOOH 是一种电化学活性相,在腐蚀初期对锈层的保护具有负面的影响。添加稀土后,α-FeOOH 的比例明显提高,Fe_3O_4 和 α-Fe_2O_3 的含量也有所提高,而 γ-FeOOH 的比例有所降低,即稀土处理后锈层的腐蚀产物逐渐向稳定产物转变,对钢基体的保护作用增强。Yue 等人通过干湿循环浸泡加速腐蚀试验研究了不同稀土含量的铜磷系耐候钢在 0.01 mol/L $NaHSO_3$ 腐蚀溶液中的耐腐蚀性能。结果表明,添加稀土(0.0065wt.%~0.016wt.%RE)的耐候钢的耐腐蚀性能明显优于不添加稀土的耐候钢,主要原因如下:稀土添加后耐候钢中形成细小(<2 μm)的球形$(RE)_2O_3$ 和 $(RE)_2O_2S$ 夹杂物取代了细长的 MnS 夹杂物,稀土夹杂物的抗点蚀性能优于 MnS 夹杂物;稀土夹杂物的电极电位比钢基体的电极电位高,但在阴极很难发挥作用;稀土能显著提高普通耐候钢的点蚀电位;添加稀土后易产生致密的锈层,增强锈层的保护性能。

Lian 等人对固溶态稀土(La, Ce)在钢中的腐蚀行为进行了研究。结果显示,稀土元素在铁锈层与钢基体之间的偏析能有效提高铁锈层的附着力,防止腐蚀离子与钢基体接触。图 1.3 所示为稀土偏析的抗腐蚀示意图。未添加稀土时,腐蚀离子通过锈蚀层中的气孔和裂纹接触基体,对基体进行持续腐蚀,如图 1.3(a)所示;在添加稀土后,偏析的稀土原子填充了孔隙和裂纹,切断了扩散通道,阻止了腐蚀离子进一步进入钢基体,如图 1.3(b)所示。稀土有利于提高锈层的密实度和附着力,减缓基体的腐蚀速率。然而,稀土原子层是否稳定以及随着腐蚀时间的延长,稀土原子如何扩散到锈蚀层中,仍需进一步研究。

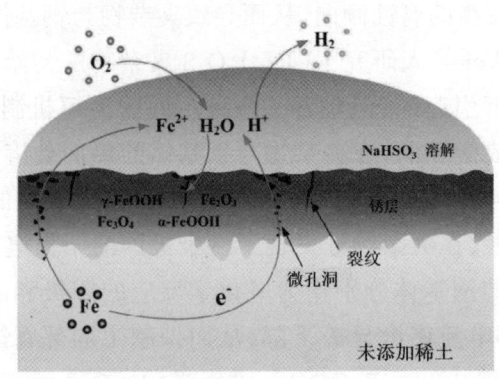

（a）未加稀土

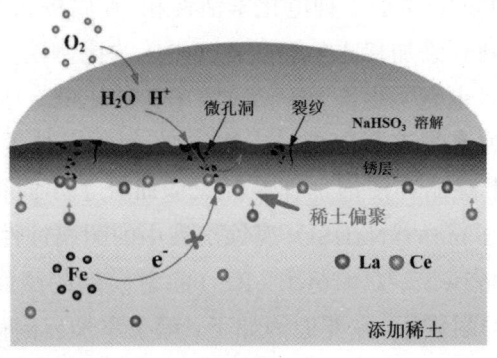

（b）添加稀土

图 1.3　La,Ce 原子偏析抗腐蚀示意图

当前虽然不乏稀土提高钢耐蚀性的实验报道,但是多为描述实验现象或数据,并未涉及稀土夹杂物改善点蚀作用机理的分析或讨论。例如,钢中稀土夹杂物在点蚀萌生初期的影响机理尚不清楚、稀土夹杂物在钢中的腐蚀电化学行为亦不十分清楚,这是揭示稀土提高钢耐蚀性内在机制的最大瓶颈,也是急需解决的关键问题。目前,腐蚀问题的研究还集中在实验测试上,现有实验检测手段仅能够对腐蚀发展以后的过程及最终的腐蚀形貌进行测量和表征,测量结果通常过于"平均化"和"粗犷",对腐蚀微观机理的阐释没有实质性帮助,因此,仅靠实验技术尚不足以从本质上阐明稀土提高钢腐蚀的内在机理。

1.2.3　稀土在钢中固溶的研究现状

当前,稀土在钢中的应用多以研究稀土夹杂物对钢的力学性能以及就腐蚀性的影响为主,针对稀土在钢中固溶的研究多以定性分析为主,定量分析较少,且鲜见稀土在钢中固溶行为的系统研究报告。

以轻稀土为例,稀土金属的原子半径约为 2.66 Å,而铁原子的半径仅为 1.72 Å,稀土原子半径远远大于铁原子半径(约为 1.5 倍),且稀土元素的电负性较小。因此,稀土元素在铁基体中的固溶度极低,在铁晶体中以空位机制通过占据晶格节点形成端际固溶体。

戢景文通过研究 Fe–P–La、Fe–P–La–N、Fe–C–La 等合金体系的内耗,峰从原子尺度上证实稀土元素能够以固溶态形式存在于铁和铁合金中。林勤等人测定了镧、铈在低硫 16Mn 钢中的固溶度,结果显示,室温下铈在 16Mn 钢中的固溶度最大为 0.011wt.%;镧、铈在钢中的固溶规律相似,铈的固溶量略高于镧。稀土与氧、硫的亲和力很强,加入钢中的稀土优先用于脱氧和脱硫,所以钢中残留的稀土固溶度相对较低。降低钢中氧硫含量,减少稀土用于脱氧脱硫的消耗,可提高稀土在钢中的固溶度。Yue 等人在耐候钢中添加 0.0065wt.%~0.016wt.% 的稀土,在氧硫含量分别为 0.002wt.% 和 0.004wt.% 的条件下,稀土在钢中的固溶度为(14~20)× 10^{-6}。姜茂发等人研究了 20MnVB 钢中微合金元素对稀土在钢中固溶度的影响,当 $W_{[Ca]}$=0.002wt.%、$W_{[RE]}/W_{[S]}$=0.5 时稀土的固溶度约是当 $W_{[Ca]}$ < 0.001wt.%、$W_{[RE]}/W_{[S]}$=1.0 时的两倍,钙处理有利于稀土固溶度的提高且钙含量的影响程度远大于稀土与硫含量之比;适当提高钒、钛、铌含量有利于稀土固溶度的提高且铌的效果最明显;酸溶铝与稀土固溶度存在某种线性关系,适当提高酸溶铝含量也有利于稀土固溶度的提高。

稀土元素能够增大钢中其他溶质元素的平衡分配系数(K_0),降低合金元素的偏析系数($|1-K_0|$),显著改善元素的偏析情况。室温下,固溶态稀土优先偏聚在晶界上,因此,稀土可有效降低因磷、硫等杂质元素在晶界偏聚造成的晶界弱化程度,大幅度提升晶界强度。稀土在晶界上偏聚,除提升晶界强度外,还能够显著改善与晶界相关的性能。例如,Guo 等人在高级 SA508-4N RPV 钢中加入微量磷和铈,铈在晶界偏析

减弱了磷的偏析,有效抑制晶界滑移,从而提高钢的热脆性;Li 等人在 20Cr$_2$Ni$_4$A 钢中加入适量稀土镧和钇,钢中形成稀土固溶体和大量的位错,明显提高了碳元素在渗碳表面的扩散系数和碳分布的均匀性;Chen 等人利用内耗峰分析法和高分辨率透射电子显微镜对稀土在 51CrV$_4$ 钢中的固溶行为进行表征。结果表明,稀土原子在板条马氏体界面形成微偏析,并对碳原子产生钉扎效应。

稀土在晶界上偏聚,改变了晶界的化学成分、结构,以至于改变了晶界性能,同时对合金元素的扩散等行为产生影响,促使钢基组织发生变化,进而改变钢性能,发挥稀土的微合金化作用。当前,国内洁净钢冶炼技术及水平已取得了巨大的进步,洁净钢水平已达到 W(C+S+P+N+H+Ti+O)<100 ppm,稀土夹杂物已经大幅度减少,钢中固溶态稀土明显提高,洁净钢冶炼水平的提升为稀土作为微合金元素的应用奠定了很好的基础。然而现有实验分析方法难以对 ppm 级的固溶稀土进行精确表征,同时也很难避免实验过程中的非实验因素。目前尚不十分清楚稀土在钢中固溶的微观行为,例如,稀土元素与其他合金元素在钢中的相互作用关系、固溶态稀土是否对钢的强韧性以及耐蚀性有影响,以及影响机理是什么?

1.3 第一性原理计算在金属材料中的研究进展

在高通量计算发展的今天,计算材料学提供了一种理论上从纳观尺度(原子层次)精细计算并阐明材料性能与组分、结构内在关系的有效工具。第一性原理计算不需要任何实验的、经验的或半经验的参数便可从复杂的场景或过程中提炼出关键的影响因素,并从原子尺度建立特定场景的结构模型,探究原子之间的相互作用行为,揭示各影响因素对材料性能影响的内在机制。当前,第一性原理计算广泛应用于材料科学各领域,在材料设计、性能预测等方面提供微观解释。

1.3.1　第一性原理计算在原子占位及稳定性领域的研究进展

在实验中,我们往往通过合金化的方式有效改善或者影响材料强度、韧性等性能,但由于实验条件的限制,不能够实现微量固溶元素在材料结构中的精确表征,微观认知不够清晰。因此,采用第一性原理计算方法研究微量原子在结构模型中的占位,为揭示掺杂元素影响材料综合性能的内在机理提供理论基础。

Zheng 等人通过计算掺杂体系的形成焓来判定掺杂元素在 FeAl 合金中的占位。结果表明,只有 Co 置换 Fe 原子时优先占位,Ti、V、Cr、Mn、Cu、Zn、Nb、Mo、Si、Mg、Zr、W、Sc 倾向置换 Al 原子。杨彪等人研究了小原子 C、N、O 在金属 V 中的间隙占位情况,通过结合能和晶格畸变率两个角度分析了 C、N、O 原子优先占据在 V 的八面体间隙,为下一步研究 C、N、O 原子在 V 基体中的迁移提供了理论支撑。Dai 等人的计算结果显示,H、C、N 和 O 杂质在 Mg 和 Al 中有不同的占位倾向。秦永和等人利用第一性原理计算方法计算了 La、Ce 等五种稀土原子掺杂在 TiAl 晶格结构中的最优占位,计算结果表明:La、Ce、Sm 倾向于占据 Al 的位置,Nd、Yb 倾向于占据 Ti 的位置。王海燕等人通过构建 α-Fe 的自身界面结构,研究了稀土 La 在 α-Fe 中的占位倾向。结果表明,La 原子优先占据在 α-Fe 晶界区。Liu 等人通过第一性原理计算方法计算了碲在镍基合金晶界面上的占位。结果表明,碲优先占据晶界面上的替代位置。Wang 等人通过第一性原理计算方法计算了 316L 不锈钢中合金元素 X(Cr、Mn、Mo、Ni、Si)对 TiC(001)/γ-Fe(001)界面稳定性的影响。结果表明,合金元素容易替代界面处的 Fe 原子,并且所有元素都有偏析到界面的趋势。黏合功、键长、层间距离和电子性能的计算结果表明,Cr4、Mn4、Mo4、Ni1 和 Si1 的界面模型更有利于提高界面结合强度,而 Cr、Mn、Mo 掺杂的界面比其他界面更稳定。Cr、Mn、Mo、Ni 和 Si 将促进 Fe 在 TiC 上的异质成核,提高了 TiC/316L 不锈钢复合材料的界面结合强度。Xiao 等人研究了 M-Zr 共掺杂体系(M=Cr、Al 和 Mn)在不同生长条件和应力施加条件下的稳定性,通过对体系形成焓的计算发现,富氧环境对化合物的形成非常有

利。与 Cr 和 Mn 原子相比，Al 原子产生了不同类型的晶格畸变，提高
了整个体系的稳定性。

1.3.2　第一性原理计算在力学性能领域的研究进展

在材料设计中，第一性原理计算能够清晰地揭示某一掺杂元素对体
系性能的影响机制，其不需要任何实验参数，有效避免实验研究中的非
实验因素，有着远比实验研究明显的优势，在预测材料性质（弹性常数、
弹性性质、热力学性质等）方面起着中流砥柱的作用。

Liu 等人基于第一性原理计算方法研究了合金元素 Cr、Mn、Mo、
Ni、Ti 和 V 对 Fe_3Al 稳定性、弹性性能和热力学性质的影响。计算结果
表明，过渡金属元素 Cr、Mo 和 Ni 的掺杂能够提高 Fe_3Al 的韧性；V 不
仅可以增强 Fe_3Al 的机械性能，而且还可以改善其热力学性能。Zhou
等人基于密度泛函理论的第一性原理计算方法研究了 TMAl（TM=Ni、
Fe、Ti）化合物在 0~1000 K 温度和 0~40 GPa 压力下的热力学性质，
计算结果显示，温度和压力对热膨胀系数 α 和德拜温度 θ_D 的影响较
敏感；通过应力 – 应变法和 Voigt-Reuss-Hill 近似法计算了单晶和多
晶体的弹性常数，并通过弹性各向异性指数（A_U、A_{comp}、A_{shear} 和 A_1、A_2、
A_3）以及杨氏模量的表面结构和投影，讨论了 TMAl 化合物的各向异
性。Zhang 等人使用第一性原理计算结合准谐波德拜模型来评估顺磁
性 Fe25Cr20NiMnNb 奥氏体不锈钢的亥姆霍兹自由能随温度和体积的
变化，并与可用的实验数据进行了比较。结果表明，晶格参数随 Nb 含
量的增加而增加，热膨胀系数和弹性模量随 Nb 浓度的增加而减小，弹
性软化现象主要是由 Nb 产生的晶格膨胀引起的。Dong 等人采用第一
性原理计算方法计算了形成能、结合能、吉布斯自由能、弹性常数、佩尔
斯应力和广义堆垛层错能，分析了 Co 和 W 对 Sanicro 25 奥氏体耐热
钢的结构稳定性、热力学稳定性及力学性能的影响。结果表明，Co 和
W 能够改善 Sanicro 25 钢的结构稳定性和热力学稳定性。在计算弹
性模量、B/G 值、泊松比和佩尔斯应力时发现，如果 Co 和 W 远离堆垛
断层区，就会促进体系中部分位错和孪晶的形成，从而提高其塑性变形
能力。

Li 等人结合试验研究和理论计算分析了掺杂稀土元素 Y、La、Ce

和 Nd 的 WC 颗粒对 WCP/SMC 界面力学性能的影响。计算表明,掺杂稀土元素可以提高 WC 颗粒与铁基体之间的界面结合能力,改善界面反应区的稳定性以及 WC 颗粒与基体之间的结合。同时将试验结果与第一性原理的计算结果进行了比较,发现掺杂 Nd 的复合材料具有最佳的界面键合性质和力学性能。Yu 等人通过基于密度泛函理论的第一性原理计算方法研究了稀土元素(Y、La、Ce)掺杂对 Fe-6.5wt.% Si 合金电子结构的影响以及掺杂元素对合金力学性能的影响机理。结果表明,稀土原子与 Fe、Si 原子之间存在明显的电子转移,从而改变了 Fe—Fe 键和 Si—Fe 键,降低了 Fe-6.5wt.% Si 合金的有序度并改善其变形能力。随着稀土含量的增加,铸态合金试样在 400 ℃时的拉伸变形能力呈现出先增大后减小的变化规律。通过对比非稀土掺杂和稀土 Ce 掺杂后合金的显微组织,发现两种合金的室温组织和晶体结构没有明显的差异,但 Ce 的掺入削弱了部分键的共价相互作用,使热轧试样的室温拉伸屈服强度从 1618.5 MPa 降至 1515.3 MPa,伸长率从 0.67% 提高至 0.80%,因此 Ce 有利于提高试样的冷轧变形能力。Zhang 等人通过第一性原理计算方法分析了合金元素 Cr、W、Sn 在 Ni 基体中的固溶机理。由于 Sn 原子在三个元素中具有最大的原子半径,导致掺杂后的晶格畸变程度最大,从掺杂体系的差分电荷密度图可以看出,Sn 掺杂引起的相互作用力最强。VASP 模拟计算显示,Ni-Sn 体系在高电流脉冲电子束辐照后具有最高的硬度值,这与实验结果相吻合。

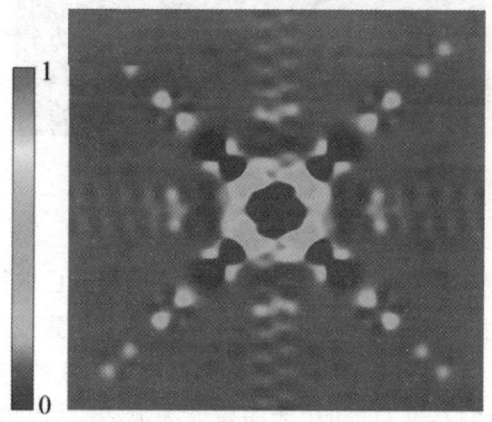

(a)Ni—Cr

图 1.4　掺杂体系差分电荷密度图

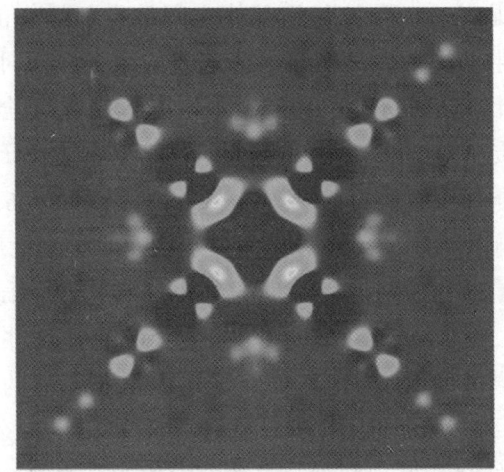

（b）Ni—W

（c）Ni—Sn

图 1.4 （续）

运用第一性原理计算方法预测材料性能的研究已取得了丰硕的阶段性成果,然而在生产实际中,并非已认知的某一个因素或某几个因素对材料性能产生决定性的影响,而往往是诸多非确定因素产生影响,只有当理论计算与试验研究高度自洽时,才能建立微观结构与宏观性质的有效关联,对认识材料性能的本质以及靶向性改变材料性能发挥突出作用。

1.3.3　第一性原理计算在腐蚀领域的研究进展

腐蚀过程是复杂的,诸如特性离子的吸附、迁移、反应等微观电化学行为难以通过实验检测手段进行实时表征,它促使模拟研究获得了大量的关注。由于第一性原理计算方法不需要实验参数以及具有较高的可移植性,近年来,科研人员通过第一性原理计算方法构建简单的腐蚀场景模型,从原子尺度解读腐蚀的内在机制,相关研究已获得阶段性的初步成果。

Lv 等人采用第一性原理计算方法揭示 Cu 和 Cr 在 α-Fe/MnS 界面处的偏析行为。结果表明,Cu 和 Cr 在硫化物上相互促进积累,而 Cu 对 Cr 的作用强于 Cr 对 Cu 的作用,这种协同作用加剧了钢的点蚀,第一性原理计算结果与实验结果相吻合。Liu 等人采用晶间腐蚀等试验手段与第一性原理计算相结合的研究方法从纳米尺度分析不同腐蚀介质对时效 7A46 铝合金的腐蚀机理。结果表明:基体析出物的分散分布首先增强了预时效合金的耐蚀性,随后增强了双时效合金的耐蚀性;钝化效应与硝酸环境下腐蚀产物的协同作用,可以保护双时效合金免受进一步的腐蚀。Kadowaki 等人研究了 N、C、B 间隙原子掺杂在 Fe 中的腐蚀行为。研究结果表明:存在 Fe 晶格中的 N、C、B 会降低费米能级及附近的电子态密度,费米能级及附近的活性溶解速率与电子态密度呈一致性关系,表明 N 和 C 的存在使 Fe 的电子结构更加稳定,抑制了 Fe 的活性溶解。Ke 等人利用密度泛函理论系统地计算了 7 种不同溶质元素 Co、Cu、Fe、Mn、Mo、Ru 和 W 对 Ni-22Cr 合金氧和 Cl 吸附的影响。结果表明:除 Cu 以外的其他所有元素均增强了 O 和 Cl 对合金表面的吸附,其中 Cr 的作用最强;吸附 O 原子的合金表面功函数增大了,而吸附 Cl 原子的合金表面功函数减小了,这表明 Cl 的吸附通过降低电子转移的能垒而对耐蚀性产生负面的影响。Zhang 等人采用第一性原理计算方法研究了稀土 La 处理铝脱氧钢的点蚀过程。研究发现,Al_2O_3 和 $LaAlO_3$ 夹杂物由于其相对较宽的带隙结构,导电性较差,微裂纹是引起点蚀的重要原因。与 Al_2O_3 相比,$LaAlO_3$ 夹杂物造成的微裂纹较小,因此具有较好的耐蚀性。Wang 等人研究了掺杂 14 种金属元素后 Mg 基体的结构稳定性、偏析能和功函数。计算结果表明：结构稳定性与偏析之间存在简单的相关性。一方面，Sn、Y、Li、Gd、Nd、Sc 和 Zn 原子的掺杂产生负的形成焓以及正的偏析能，即这些元素更易于溶解在 Mg 基质中，不会偏析在 Mg（0001）表面上。而 Ba、Fe、Mn、W、Sr 和 Ca 呈相反的趋势。另一方面，掺杂 Mo、W、Fe 和 Mn 能够显著提高 Mg（0001）表面的功函数，而 Ba、Ca 和 Sr 是显著降低表面功函数，Li、Sn、Sc、Gd 和 Y 对 Mg 表面功函数的影响则相对较小。金属元素的掺杂改变了掺杂区域的功函数，将会导致掺杂区与基体之间的局部功函数差值（$\Delta\Phi=\Phi_{掺杂区}-\Phi_{基体}$）增大，这将会增大引发微电腐蚀发生的可能。Kadowaki 等人研究了间隙碳对 AISI 1045 马氏体碳钢阳极溶解速率的影响。高碳马氏体的活性溶解电流低于低碳马氏体的活性溶解电流，这说明间隙碳抑制了活性溶解。马氏体（bct-Fe）费米能级附近的电子态密度随着间隙碳的增多而减小，在 Fe-C 体系中，铁原子上的价电子数低于纯铁体系，铁和碳原子之间存在高电荷密度区域，表明电子从铁原子向碳原子转移，如图 1.5 所示。铁和碳原子之间的相互作用为马氏体提供了高稳定性的电子结构，这有助于抑制马氏体的主动溶解，提高体系的耐腐蚀性。

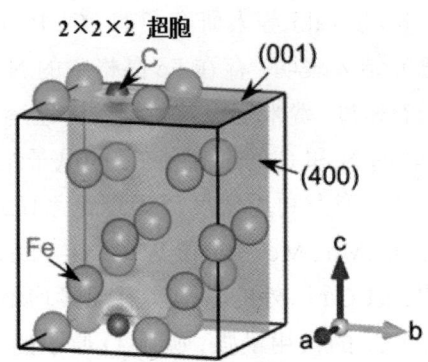

（a）马氏体 2×2×2 超晶胞模型

图 1.5　电子从铁原子向碳原子转移

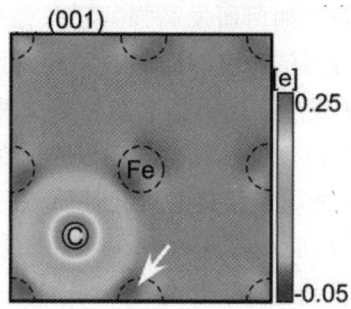

（b）马氏体晶胞（001）面差分电荷密度图

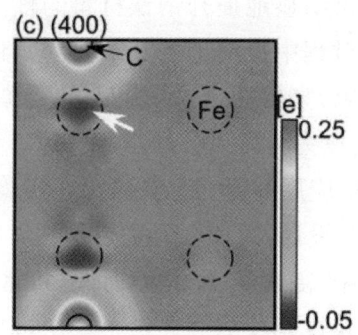

（c）马氏体晶胞（400）面差分电荷密度图

图 1.5　（续）

　　金属腐蚀涉及物理化学、电化学、金属学、表面科学等多个学科且包含了微电偶腐蚀、均匀腐蚀等由微观到宏观的多尺度特征反应,腐蚀过程极其复杂。因此,腐蚀问题的模拟研究面临多重难题。针对第一性原理在腐蚀过程中的应用,至今尚不能够对金属材料的腐蚀行为进行定量计算。

1.4　课题的研究意义和内容

1.4.1　研究意义

　　我国是世界上钢铁产量最多的国家,但高性能特殊钢的生产技术水平和产品质量有待提高。如何研发高强、高韧、强耐蚀性钢种具有十分重要的意义。生产具有高洁净度、高均匀性、超细晶粒的高强韧性钢材是当前以及今后重要的发展方向。微合金化是一种重要而有效的方法，如通过添加钒、钛、铌等微合金元素改善钢材的塑性和韧性。

稀土元素具有特殊的原子结构和理化性质，在提升材料综合性能等方面发挥出显著的作用，是发展高新技术产业的关键元素和战略物资，拥有"工业味精""工业维生素"等称号。添加稀土元素改变材料的组织结构，是改善材料性能或设计新材料的重要思路和研究热点。钢中添加少量的稀土元素便可明显地提升钢铁材料的性能。稀土元素在新一代高性能钢种的研发过程中扮演了极其重要的角色。我国作为世界上稀土存储量最多的国家，如何凭借这一巨大的资源优势，着力打造中国特色的稀土高品质钢，成为科研人员的奋斗目标。

以往对稀土在钢中应用的研究主要停留在实验检测层面上，采用试错法进行成分及工艺的设计，对稀土元素在钢铁材料中具体的作用机理缺乏深刻认识。近年来，随着量子力学和计算机水平的飞速发展，计算材料学为材料设计以及性能预测等提供了一个可靠的理论研究工具并将发挥出举足轻重的作用。第一性原理计算方法能够从纳观尺度揭示材料的微观结构对宏观性能的影响规律以及作用机理，为实际生产研究提供一定的理论支撑，大大提升新钢种的研发效率，降低科研成本。模拟计算将成为材料设计中不可或缺的一种研究方法。

由于现有实验检测手段难以实现稀土在钢中固溶行为特征的精确表征，且鲜有对钢中的固溶稀土展开系统的理论研究，致使稀土在钢中的微合金化作用机理尚处在摸索阶段；另外，当前大多数研究工作都是围绕稀土夹杂物而展开的，以稀土夹杂物形貌、尺寸和数量的变化粗略解释钢材力学性能和耐腐蚀性能的改善机理，且测试结果过于"平均化"和"粗犷"，对理解稀土夹杂物在材料失效初期所发挥的作用帮助不大。鉴于此，本书将通过模拟计算结合实验检测的研究方法系统分析固溶稀土及稀土夹杂物在提高钢材力学性能及耐腐蚀性能中所扮演的角色以及内在机制。

1.4.2 研究内容

本书以钢中 Ce 的不同赋存状态为研究视角,采用模拟计算结合实验研究的方法重点探讨钢中固溶态 Ce 及 Ce 夹杂物对钢力学性能及耐腐蚀性能的影响,具体研究内容如下。

(1)采用第一性原理计算方法研究 Ce 在 α-Fe 中的固溶机理,并探讨钢中常见元素 M(M=Ti、V、Cr、Mn、Co、Ni、Cu、Nb、Mo、W、Al、Si、Mg、C、N、O、S、P、B、H)对 Ce 固溶的影响,阐释 Ce 与各元素之间的相互作用关系,探寻促进 Ce 固溶的合金元素;计算 Fe-Ce-M 体系的热稳定性及力学性能,并对其电子结构进行分析,从原子尺度上解释固溶态 Ce 对钢力学性能的影响机理。(对应第3章)

(2)选用洁净钢(IF 钢)作为研究对象,分析 Ce 对 IF 钢夹杂物的变性效果及 Ce 夹杂物对力学性能的影响机理。采用第一性原理计算方法精确计算 Ce 夹杂物的晶格参数、弹性常数、力学性质以及热膨胀系数等基本物理参数;依据计算结果,定性并定量分析 Ce 夹杂物的物理性质对钢基体力学性能的影响机理。(对应第4章)

(3)构建 Fe-Ce 电化学腐蚀行为的第一性原理计算模型,结合电化学腐蚀的热力学和动力学,分析阳极溶解和阴极吸氧反应过程中的控制性环节,建立反应过程中电极电位与电流密度的关系式,并探究 Ce 对 Fe 阳极溶解行为及阴极吸氧反应的影响,同时搭建不同的腐蚀场景,探究 Ce 在腐蚀介质下对钢腐蚀性能的影响。(对应第5章)

(4)对 Ce 夹杂物诱发点蚀萌生过程进行原位分析,通过微区电化学试验手段检测 Ce 夹杂物与钢基体的电势差和电流敏感度,同时,采用第一性原理计算方法精确计算 Ce 夹杂物的能带和功函数等属性,分析 Ce 夹杂物诱发点蚀萌生的机理,依据计算和试验结果,明确 Ce 夹杂物诱发点蚀萌生的机理及 Ce 夹杂物在腐蚀过程中所扮演的角色。(对应第6章)

第 2 章　第一性原理计算方法与实验方法

2.1　引言

　　本书的研究工作主要从模拟计算和实验检测两方面展开,基于密度泛函理论的第一性原理构建合理的结构模型,通过研究稀土在钢中的占位、计算稀土夹杂物的物理性质、相关腐蚀场景的模拟计算等方面详细解析固溶稀土和稀土夹杂物对钢力学性能和腐蚀性能的影响机理。本章将对模拟计算中涉及的相关理论、计算方法以及试验研究中使用的试验原料、检测设备及方法等进行介绍。

2.2　第一性原理计算方法

2.2.1　密度泛函理论

　　第一性原理计算的基础为密度泛函理论(density functional theory, DFT),是一种研究多电子体系电子结构的方法,在物理和化学领域都有广泛的应用。密度泛函理论的主要核心思想是 Hohenberg-Kohn 定理和 Kohn-Sham 方程。

　　Hohenberg-Kohn 定理是由 Hohenberg 和 Kohn 共同提出的,其可

解释为在一个电子数不变的体系中，必定存在一个能量最低的基态，而且这个基态的能量由体系的电子数密度函数唯一决定。Hohenberg–Kohn 定理还证明了存在一种密度泛函 $F(\rho)$ 将系统的电子密度分布与系统的能量相联系，但是并没有给出如何构造这一泛函的方法。

在 Hohenberg-Kohn 定理的基础之上，Kohn 和 Sham 提出将独立粒子的动能和库伦能从 $F(\rho)$ 中分出，剩余部分再作近似处理。Kohn-Sham 方程表明具有相互作用的多粒子系统的基态问题完全可以转化为在有效势场中运动的单粒子的基态问题，求解 Kohn-Sham 方程是一个自洽计算过程。其中交换 – 关联项仍然无法精确求解，一般常用局域密度近似（local density approximation，LDA）和广义梯度近似（generalized gradient approximation，GGA）处理。

2.2.2　交换 – 关联近似

在 Kohn-Sham 方程中，交换 – 关联项是未知项，无法精确求解，需要进行各种近似处理。现在一般常用的有 LDA 和 GGA 两种近似方法。在 LDA 或 GGA 近似处理交换 – 关联项的条件下，密度泛函理论可以应用到计算材料学中，解决凝聚态物理中的相应问题。LDA 将整个空间划分成无限小的子空间，然后假定子空间中的电子分布是均匀的。在通常情况下，LDA 近似能较正确地给出系统的稳定结构。但是 LDA 并未考虑密度梯度的影响，因此，体系结合能的计算值偏高、键长偏短。在 LDA 的基础上，GGA 考虑了电子密度梯度的影响，即认为电子的交换 – 关联能是电子密度及其梯度共同的泛函。GGA 是半局域化的近似，更适用于开放的电子系统，是现在第一性原理计算中常用的近似方法。虽然 GGA 在计算能量与结构方面比 LDA 更精确，但是 GGA 还存在着高估晶格常数及低估带隙等不足。

2.2.3　计算软件 VASP

本书所使用的软件有：Materials Studio 7.0、VASP、VESTA 等，利用 Materials Studio 7.0 软件构建所需的计算模型，VASP 软件进行结构优化，同时辅助多种数据处理软件（orgin 2020，Matlab 等）进行数据处理和分析。下面主要介绍第一性原理计算软件包 VASP。

VASP（vienna ab-inito simulation package）软件是维也纳 Hafner 和 Kresse 开发的第一性原理计算软件。作为当下被研究学者使用最多的软件之一，VASP 有着强大的功能，整个计算过程实际就是求解 Kohn-Sham 方程的过程。构建模型采用周期性边界条件，对体相、表面、界面、团簇等各种体系进行能量计算，通过不同的公式计算得到相应体系的形成焓、结合能、表面能等表征体系稳定性的参数，同时还可得到最稳定结构的晶格常数，体系中各个原子间的键长和键角等。在此基础上，对四个输入文件（POSCAR，KPOINTS，POTCAR，INCAR）中的参数进行修改，研究者根据不同的需求和计算目的得到相应体系的电子性质（波函数、态密度、能带结构、电荷密度等），光学性质，磁性，力学性质，运输性质等物理化学性质。

针对具有 d 层电子和 f 层电子的过渡族金属氧化物以及镧系稀土氧化物，本书在 VASP 计算中选用 DFD+U 的库伦修正方法，以精确获得氧化物的电子结构及能量分布信息。

2.2.4　体系稳定性计算

本节将详细介绍文中用于体系稳定性判断的各种能量表征，如溶解能、形成焓以及表面能等。各能量的计算结果都是通过 VASP 软件自洽求解 Kohn-Sham 方程，从而获得基态结构的能量，然后再由相应的公式计算得出。本书涉及了不同类别的能量计算，不同含义的能量有着不同的意义，其具体的计算方法将在后面的章节中针对不同的体系进行单独说明。

在第一性原理计算中，一般可用溶解能和形成焓表征掺杂体系（体相）的稳定性。掺杂元素在钢中的溶解度与其溶解能紧密相关，溶解能越小，掺杂原子在溶解过程中所需要的能量就越低，因此，可用溶解能表征掺杂元素在钢中固溶的难易程度。若溶解能为负值，则说明掺杂体系能够稳定存在，掺杂元素能够自发固溶于钢中。形成焓常用来判断体系（化合物、掺杂体系）形成的难易程度（热力学稳定性），若形成焓大于零，则说明该体系在形成过程中需要吸收能量，反应不能自发进行；若形成焓为负值，则说明该体系在形成时放出能量，反应可自发进行，且值越负,证明该体系的晶体结构越稳定。

在构建表面结构模型时,需对其稳定性进行探讨,可用表面能来表征,表面能越小,表示表面结构越稳定。在研究掺杂元素对表面模型的影响时,首先要对掺杂元素进行合金化计算,其次对体系合金化后的表面能计算。

2.2.5　力学性能计算

材料的弹性性能在一定程度上反映材料的力学性能,弹性常数(C_{ij})作为力学和动态特性的链接对材料性能的预测以及新型材料的设计和开发都极为重要。弹性常数是指在晶格发生一个小的应变条件下对体系总能量 E 的泰勒级数展开过程,用于描述晶体对外部应力的响应,或者相反地,描述维持给定变形所需的应力。它在决定材料刚度、塑性、硬度等方面起着重要的作用。

本书采用应变 – 应力法计算弹性常数,弹性常数可根据材料的应变 – 应力特征关系来求解,根据胡克定律计算材料弹性系数的二阶张量,具体计算公式为

$$\{\sigma_i\} = \sum_{j=1}^{6} [C_{ij}]\{\varepsilon_j\} \qquad (2.1)$$

式中,$\{\sigma_i\}$ 为应力张量,$\{\varepsilon_j\}$ 为应变张量,$[C_{ij}]$ 为弹性常数矩阵 C 的元素。

金属材料的力学性能在宏观上主要表现为硬度、强度、韧性等,可通过剪切模量(G)、杨氏模量(E)、体积模量(B)等物理量来表征,并可通过 VASP 软件计算出不同压力下晶体的能量,再由 Voigt 计算方法,进一步计算出各体系的剪切模量、杨氏模量、体积模量,详细计算过程见第 3 章。

2.2.6　功函数

电子功函数(简称功函数,W)是指一粒电子从固体表面中逸出的必须提供的最小能量(eV)。功函数属材料表面性质,其数值与晶面的

取向有关。功函数的大小反应晶体表面失去电子的难易程度,功函数越大,则晶体表面越难失去电子。一个特定表面的功函数可定义为真空中的静电势与费米能级之间的能量差,如图 2.1 所示。

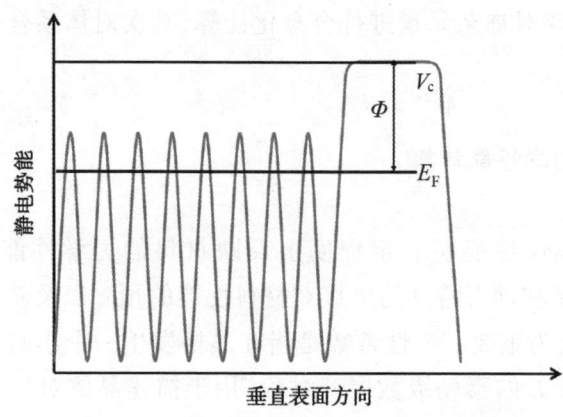

图 2.1   第一性原理计算得到的垂直于表面方向的静电势能分布

VASP 软件能够计算材料表面的静电势分布及费米能级,在计算的过程中,改写 INCAR 文件中的参数:LVTOT=TRUE,输出体系的静电势,从而确定表面真空中的静电势能。功函数计算式为

$$\Phi = V_e - E_F \tag{2.2}$$

式中,V_e 表示电子在表面外附近真空中的静电势能,E_F 表示晶体的费米能级。

2.3   实验材料及实验方法

2.3.1   试验材料制备

采用 ZG-0.01 型 10 kg 真空感应炉冶炼试验钢,在冶炼试验钢之前,首先用纯铁洗炉,避免因耐火材料和坩埚带来夹杂物。单炉冶炼 7 kg 钢锭,添加微量稀土进行微合金处理,钢锭模具为 Φ60 mm × 200 mm,冶炼过程中,全程充氩气作为保护气氛。试验钢冶炼步骤:烘干→装料→抽真空→钢料完全融化后→加入稀土→搅拌→浇注。

2.3.2　试验钢成分检测

将钢锭切头去尾后,在钢锭不同部位截取块状样及钻取粉末样,用 ARL4460 型直读光谱仪分析 C、Si、Mn、P、S、Ti、Cr、Ni、Mo 等常规元素等,用 ON736 型氧氮分析仪测定 O、N 含量;用 ICP-MS(等离子光谱 – 质谱仪)法测定钢中的稀土含量。

2.3.3　试验钢力学性能测试

将钢锭加热到 1200 ℃,保温 1 h,终锻温度维持在 950 ℃左右,用 400 kg 气锤锻造成 30 mm×25 mm 方坯,锻后空冷。按国家标准 GB/T 228.1—2010 金属材料拉伸试验的第 1 部分室温试验方法进行拉伸试验,试样呈棒状、哑铃状,标距 l_0=50 mm, d_0=10 mm。测定试验钢的抗拉强度 R_m、屈服强度 R_e、伸长率 A 等。

2.3.4　夹杂物分析

用线切割机床将试验钢切割成若干个 10 mm×10 mm×7 mm 和 10 mm×10 mm×3 mm 的小钢块,然后用金相砂纸逐级打磨至 1200#,抛光,直到表面无划痕,将试样放在盛有无水乙醇的烧杯中,使用超声波清洗仪清洗试样,最后将试样用高压枪吹干备用。

利用蔡司卡尔 SIGMA-300 型场发射扫描显微镜(FE-SEM),对试样中的夹杂物进行形貌观测,并进行 X 射线能谱分析(EDS)、电子背散射衍射分析(EBSD)。在测试过程中,电压设置为 20 kV,工作距离为 8.5 mm。使用德国布鲁克 ICON 型原子力显微镜(AFM)对夹杂物进行形貌观测。

2.3.5　浸泡腐蚀形貌观测

将 10 mm×10 mm×7 mm 的块状试样放在 3.5wt.%NaCl 溶液中进行模拟海水腐蚀浸泡实验,在浸泡不同时间后分别取出,用于观测腐蚀形貌。根据锈层的多少选择性地利用除锈液进行除锈,浸泡时间较短时,若试样表面无明显变化,此时不需要使用除锈液,仅对试样进行去离子水冲洗即可,吹干后利用场发射扫描电子显微镜观察夹杂物的腐蚀情况。然后将观察后的试样再放入腐蚀溶液中,进行浸泡实验,浸泡结束后取出,表面处理后进行夹杂物的腐蚀形貌观测。场发射扫描电子显微镜不能直观地观测试验表面的粗糙度,因此,利用原子力显微镜对试样中的夹杂物进行二次检测,观测夹杂物与钢基体的表面粗糙度。

2.3.6　微区电化学检测

利用扫描开尔文探针力显微镜(SKPFM)以及导电性原子力显微镜(C–AFM)对夹杂物周围的表面电势及电流进行测试,具体参数见表2.1 所列。

表 2.1　微区表面电势及电流测试参数

测试项目	SKPFM	C–AFM
探针类型	SCM–PIT	SCM–PIT
探针模式	轻敲式	接触式
针尖曲率半径	<8 nm	<8 nm
标准弹性常数	2.8 N/m	2.8 N/m
扫描速率	1 Hz	1 Hz
表面施加电压		+6.0 V

第3章 Ce在Fe中的占位、力学性能及电子性质的理论研究

3.1 引言

    常规的微区分析方法和现有的检测设备都很难对微量固溶的稀土进行准确表征,同时也很难避免实验过程中非实验因素的干扰。目前,稀土元素在钢中与其他合金元素的相互作用规律以及对钢强度和韧性的影响机理等微观固溶行为尚不清楚,在传统实验研究几乎无效的情况下,模拟计算将是一条有效的捷径。

    本章采用新的理论方法以能量为视角研究稀土原子在钢中的占位倾向,揭示稀土原子在钢中的掺杂行为。以稀土 Ce 在 α-Fe 中的应用为研究对象,采用第一性原理方法研究钢中常见的 20 种元素 M(M=Ti、V、Cr、Mn、Co、Ni、Cu、Nb、Mo、W、Al、Si、Mg、C、N、O、S、P、B、H)对 Ce 固溶的影响,阐释 Ce 与各元素之间的相互作用关系,探寻促进 Ce 固溶的元素;计算 Fe-Ce-M 体系的热稳定性及力学性能,并对其电子结构进行分析,从微观尺度上解释固溶态 Ce 对钢力学性能的影响机理。

3.2　计算方法

本章基于密度泛函理论,采用 VASP 软件计算 Fe-Ce-M 体系的热稳定性、电子结构和力学性质。在计算时,价电子与离子间的交互作用选择投影缀加波方法(projector augmented wave, PAW),电子间的交换关联相互作用采用广义梯度近似 GGA 中的 PBE (perdew-burke-ernzerh)泛函形式,平面波截止能为 450 eV,布里渊区的积分计算使用 $4 \times 4 \times 4$ 的 MP-k (monhkorst-pack)型的 k 网格,自洽循环能量收敛设置为 1.0×10^{-6} eV/atom,力收敛为 0.02 eV/Å。Fe 体系计算考虑了磁性。通过优化得到晶胞参数以及体系能量,所有的计算由 VASP 程序完成。

3.3　Ce 在铁素体钢中的占位

3.3.1　α-Fe 体相性质

α-Fe 为体心立方结构,在单胞中,有 2 个 Fe 原子,位置分别为(0,0,0)和(0.5,0.5,0.5),晶格常数为 $a=b=c=2.866$ Å,如图 3.1 所示。图 3.1 (a)和(b)分别为 α-Fe 单胞的俯视图和三维图。对单胞 α-Fe 结构进行优化计算可得其体相特性,其中晶格常数 a (2.833 Å),体积模量 B (176.44 GPa),磁矩 M (2.25 μB)和内聚能 E_{coh} (5.06 eV/atom),见表 3.1 所列。从表 3.1 可以看出,本次计算结果与先前他人计算结果及实验值基本一致,这表明选用的计算方法及参数是合理有效的。

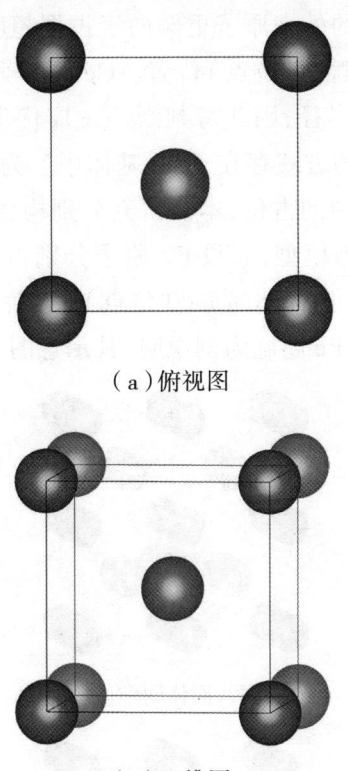

（a）俯视图

（b）三维图

图 3.1　α-Fe 晶胞结构示意图

表 3.1　α-Fe 平衡晶格常数 a,体积模量 B,磁矩 M,内聚能 E_{coh}

Method	a（Å）	B（GPa）	M（μB）	E_{coh}（eV/atom）
Present PAW	2.833	176.44	2.25	5.06
PAW[1]	2.83	185	2.19	5.06
PAW[2]	2.84	196	2.20	5.04
PAW[3]	2.834	169.7	2.20	—
FLAPW	2.84	174	2.17	—
Exp.	2.87	168	2.22	—

3.3.2　Ce 在 α-Fe 体相中的占位

一般来说,原子半径较大的外来原子倾向于占据取代位置,即 S 位点,而原子半径较小的外来原子更倾向于占据超胞中的八面体间隙(O位点)或者四面体间隙(T位点)位置。Ce 原子半径为 2.70 Å,远大于 Fe(1.72 Å)的原子半径,因此可判断,Ce 应优先取代超胞中的 Fe 原子,而非以间隙固溶的方式存在于 Fe 基体中。为了验证这一判断并确定 Ce 在 α–Fe 超胞中的占位,本次研究分别构建了 2×2×2、3×3×3 和 4×4×4 的 Fe 超胞模型,假设 Ce 原子分别占据在 α–Fe 超胞中的八面体间隙(O位点)、四面体间隙(T位点)或者替代晶胞中的一个Fe(S位点),以 2×2×2 的 Fe 超胞为例说明,其示意图如图 3.2 所示。

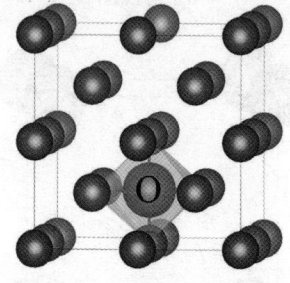

(a)占据八面体间隙(O位点)

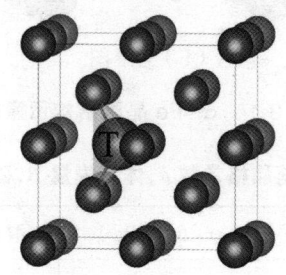

(b)占据四面体间隙(T位点)

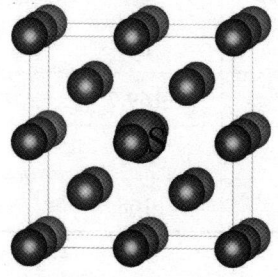

(c)Ce取代Fe(S位点)(其他球代表Fe原子,标有字母的球代表Ce原子)

图 3.2　Ce 在晶胞中存在位置示意图

通过计算掺杂体系的溶解能,可判断 Ce 优先固溶在 α –Fe 超胞中的位置,对于 Ce 占据 O 位点或 T 位点的体系,溶解能的计算公式如下:

$$E_{sol}(Fe_{bulk}^{inter}X)=E(Fe_{bulk}^{intex}X)-E(Fe_{bulk})-E(X) \qquad （3.1）$$

式中,$E(Fe_{bulk}^{intex}X)$ 代表 Ce 原子占据间隙位点(O 或 T 位点)的超胞的总能量,$E(Fe_{bulk})$ 表示纯 Fe 超胞的总能量,$E(X)$ 表示孤立原子的能量。

对于 Ce 取代 Fe 原子 S 位点的体系,溶解能的计算公式如下:

$$E_{sol}(Fe_{bulk}^{sub})=E(Fe_{bulk}^{inter}X)-\frac{n-1}{n}E(Fe_{bulk})-E(X) \qquad （3.2）$$

式中,Fe_{bulk}^{sub} 代表 Ce 原子取代 Fe 原子(S 位点)时超胞的总能量,$E(Fe_{bulk})$ 表示纯 Fe 超胞的总能量,n 代表 Fe 超胞中 Fe 原子的数量。

Fe-Ce 掺杂体系的溶解能如图 3.3 所示。当溶解能为负值时,晶胞结构可以稳定存在;反之,晶胞结构不稳定。计算结果显示,在所有的超胞中,占据 O 或者 T 位点的溶解能为正值,只有取代 Fe(S 位点)的溶解能为负值。这说明在所有的超胞结构中,Ce 位于 S 位点时的结构最稳定,掺杂的 Ce 原子优先取代超胞中的 Fe 原子,而不是占据在 O 或者 T 位点。

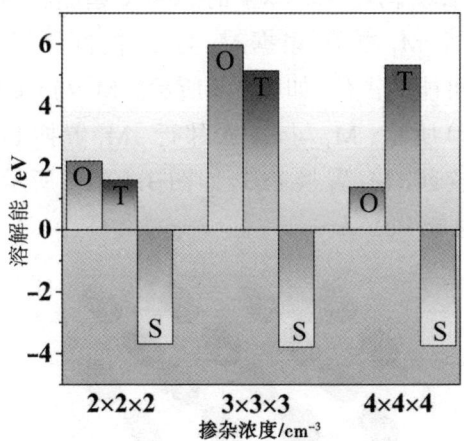

图 3.3　Fe-Ce 掺杂体系溶解能

3.4　钢中元素对 Ce 固溶的影响

3.4.1　金属原子在 Fe–Ce 体系中的占位

　　钢中存在多种合金元素,当前稀土元素与合金元素之间相互作用的规律尚不明确,采用实验研究方法分析各元素之间相互作用的困难较大,且实验结果也不能令人满意,促使实验转向模拟计算理论研究。利用第一性原理计算以能量为视角分析钢中 Ce 与其他金属元素的相互作用,探讨钢中金属元素在 Fe–Ce 晶胞中的占位。

　　本节计算并分析现有钢中常见的 13 种金属元素 M_1（M_1=Ti、V、Cr、Mn、Co、Ni、Cu、Nb、Mo、W、Si、Al、Mg）在 Fe–Ce 晶胞中的占位。以上金属元素 M_1 与 Fe 原子的半径相差不大,因此,在钢中以取代 Fe 原子的形式存在。构建 $4 \times 4 \times 4$ 的 Fe–Ce 超晶胞为基础模型,在 Ce 原子周围固溶一个 M_1 原子,根据 M_1 与 Ce 的间距不同,M_1 在 Fe–Ce 晶胞中存在三种可能的占位,如图 3.4 所示。M_1 与 Ce 最邻近,M_1 置换 Fe1,如图 3.4（a）所示;M_1 与 Ce 次邻近,M_1 置换 Fe2,如图 3.4（b）所示;M_1 距 Ce 较远,M_1 置换 Fe3,如图 3.4（c）所示。表 3.2 所列为 Fe–Ce–M_1 晶胞总能（eV）。

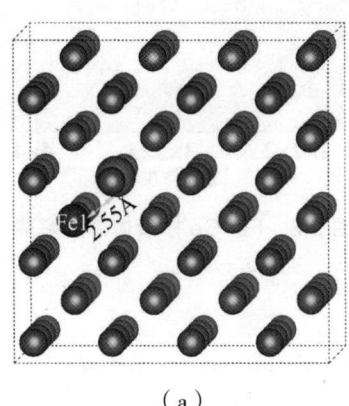

（a）

图 3.4　M_1 在 Fe–Ce 超晶胞模型中的不同取代位置

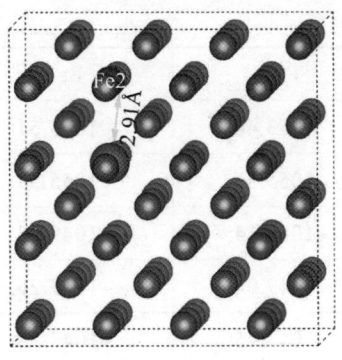

（b）

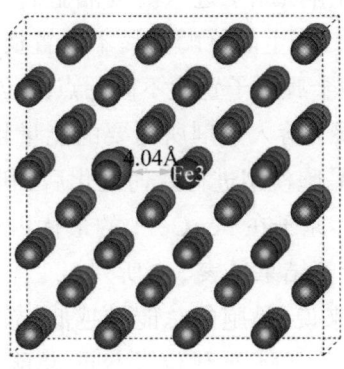

（c）

图 3.4　（续）

表 3.2　Fe-Ce-M$_1$ 晶胞总能　　　　单位：eV

Doped systems	Fe1	Fe2	Fe3
Fe–Ce–Ti	−1051.22	−1051.35	−1051.51
Fe–Ce–V	−1052.26	−1052.35	−1052.56
Fe–Ce–Cr	−1052.20	−1052.29	−1052.47
Fe–Ce–Mn	−1051.50	−1051.42	−1051.56
Fe–Ce–Co	−1050.00	−1049.60	−1049.99
Fe–Ce–Ni	−1048.24	−1048.27	−1048.21
Fe–Ce–Cu	−1045.88	−1045.95	−1045.89
Fe–Ce–Nb	−1052.92	−1053.06	−1053.29

Doped systems	Fe1	Fe2	Fe3
Fe–Ce–Mo	–1053.40	–1053.51	–1053.75
Fe–Ce–W	–1055.36	–1055.57	–1055.84
Fe–Ce–Si	–1049.14	–1049.35	–1049.41
Fe–Ce–Al	–1047.04	–1047.26	–1047.37
Fe–Ce–Mg	–1043.25	–1043.38	–1043.46

在晶体结构中,当溶质原子进入溶剂晶胞后,原子间的平衡状态被打破,使晶格发生扭曲,产生晶格畸变。不同置换原子造成的晶格畸变程度是不同的,同一种金属原子置换不同的点阵位置造成的晶格畸变程度也是不同的,溶质原子溶入溶剂所需要的能量越大,晶格畸变程度也越大。对 Fe–Ce–M_1 晶胞模型进行几何优化后,利用第一性原理计算晶胞总能量 E_{tot},分析 M_1 原子在 Fe–Ce 中的最优占位,以获得 Fe–Ce–M_1 晶胞的最稳定结构,计算结果见表 3.2 所列。

对于同一个体系来说,晶胞的总能量越低,晶胞结构越稳定。由表 3.2 可知,Fe–Ce–M_1 体系中 M_1 取代位置不同,总能量也不同。以 Co 为例进行分析,Co 取代 Fe1、Fe2 以及 Fe3 位置时,总能量分别为 –1050.00 eV、–1049.60 eV、–1049.99 eV,Co 取代 Fe1 位置时总能量最低,即 Co 优先占据 Fe1 位置,即 Co 取代距 Ce 最邻近的 Fe1 位置时最稳定。同理分析可得,Ni、Cu 取代距 Ce 次邻近的 Fe2 位置时最稳定;Ti、V、Cr、Mn、Nb、Mo、W、Al、Si、Mg 取代距 Ce 较远的 Fe3 位置时最稳定。

3.4.2 非金属原子在 Fe–Ce 体系中的占位

在钢铁材料中,除含上述金属元素外,通常还含有非金属元素 M_2(M_2=C、N、O、S、P、B、H),其中,C、N、O、H、B、S 原子的半径远小于 Fe 的原子半径,在 α–Fe 中优先以间隙固溶的形式存在,即 M_2 容易占据在 Fe 晶胞中的间隙位置,即 O 位点和 T 位点。根据 M_2 与 Ce 的间距,八面体间隙存在两种八面体间隙位置,M_2 与 Ce 之间的距离约为 1.43 Å 的 O1 位点,如图 3.5(a)所示;M_2 与 Ce 之间的距离约为 1.69 Å 的

O2 位点,如图 3.5 (b)所示;M$_2$ 占据 T 位点,如图 3.5 (c)所示。

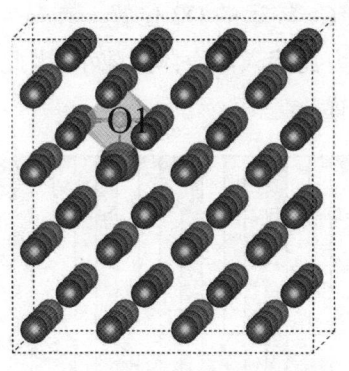

（a）O1 位置

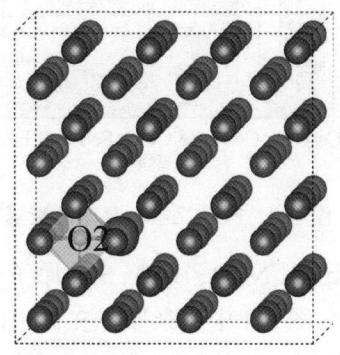

（b）O2 位置

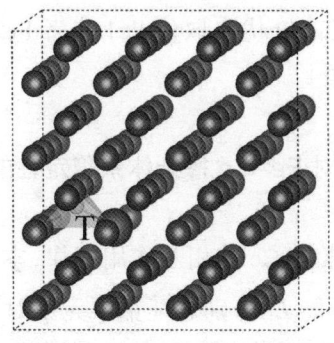

（c）T 位置

图 3.5　M$_2$ 在 Fe-Ce 超晶胞模型中的不同占位

对 Fe-Ce-M$_2$ 掺杂体系进行结构优化后,计算其晶胞总能量,计算结果如图 3.6 所示。从图 3.6 可以清晰地看出,C、N、O、H、B、S 占据在 O2 位点时体系的能量最低,这说明 C、N、O、H、B、S 优先占据 Fe 晶胞八面体间隙中距 Ce 较远的 O2 位置。在 α–Fe 中,小原子溶入八面体间隙所受到的阻力比溶入四面体间隙小,因此 C、N、O、H、B、S 易固溶在八面体间隙位置。

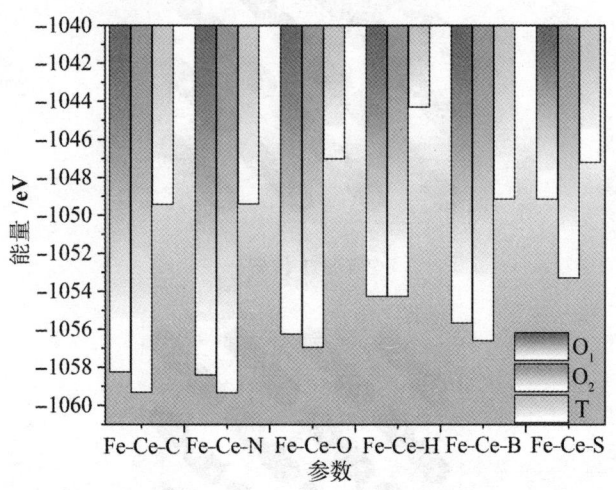

图 3.6　Fe–Ce–M₂ 晶胞总能量

因 P 的原子半径比 C、N、O、H、B、S 的原子半径大,在钢中以取代固溶的方式存在。结合图 3.4 中掺杂原子在钢中的占位情况,计算了不同占位情况下的晶胞能量。计算结果显示,P 在钢中取代 Fe1、Fe2、Fe3 时掺杂体系的能量分别为 –1049.199 eV、–1049.200 eV、–1049.176 eV。从能量的计算结果可知,P 优先取代 Fe1 或者 Fe2 的位置(取代 Fe1 和 Fe2 时的能量几乎一样)。

3.4.3　钢中元素对 Fe–Ce 掺杂体系稳定性的影响

为了探究钢中元素与 Ce 的相互作用规律,本节用溶解能 E_{sol}、形成焓 $\Delta_r H_m$ 和点缺陷结合能 E_b 分别表征钢中元素对 Fe–Ce 掺杂体系稳定性的影响、M 对 Ce 固溶的影响及 M 与 Ce 的相互作用。

（1）溶解能

对于 Fe–Ce–M₁ 掺杂体系溶解能,计算公式如下:

$$E_{sol} = E_{tot} - \frac{N-2}{N}E(\text{Fe}) - E(\text{Ce}) - E(\text{M}) \tag{3.3}$$

对于 Fe–Ce–M$_2$ 掺杂体系溶解能，计算公式如下：

$$E_{sol}=E_{tot} - \frac{N-1}{N}E(\text{Fe}) - E(\text{Ce}) - E(\text{M}) \qquad (3.4)$$

式中，E_{tot} 为掺杂体系总能量，$E(\text{Fe})$ 为 Fe 超胞总能量，$E(\text{Ce})$ 和 $E(\text{M})$ 分别表示基态下单个 Ce 和 M 原子的能量，N 为超胞中的 Fe 原子数量。

掺杂元素在钢中的溶解度与其溶解能紧密相关，溶解能越小，掺杂原子在溶解过程中所需要的能量就越低。因此，可用溶解能来表征掺杂元素在钢中固溶的难易程度，溶解能为负值时，说明掺杂体系能够稳定存在，掺杂元素能够自发固溶于钢中。掺杂体系溶解能的计算结果如图3.7 所示。由图可见，各掺杂元素在 Fe–Ce 体系中的溶解能均为负值，即 Ti、V、Cr、Mn、Co、Ni、Cu、Nb、Mo、W、Si、Al、Mg、C、N、O、S、P、B、H 均能稳定固溶于 Fe–Ce 体系中。当前，针对溶解能大小表征固溶难易程度尚有一些争议，主要集中在不同体系下溶解能的比较。例如，Martin 认为，掺杂不同元素体系的溶解能是没有可比性的，不能够得到诸如 Fe–Ce–Mo 体系的溶解能低于 Fe–Ce–Mn 体系，所以 Mo 比 Mn 更容易固溶在 Fe–Ce 中的结论，溶解能更多用于定性判断、成分变化对固溶的影响等。因此，这里也不进行相关比较，各元素对 Fe–Ce 体系的影响将通过形成焓的变化来表征。

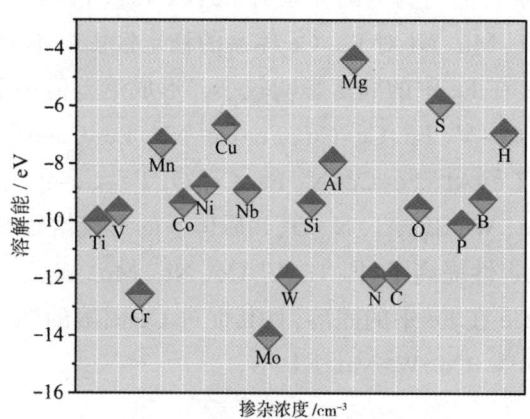

图 3.7　Fe–Ce–M 掺杂体系溶解能

（2）形成焓

对于 Fe–Ce 掺杂体系形成焓，计算公式如下：

$$\Delta H_1 = \frac{1}{N_{Fe}+N_{Ce}} \left[E_{tot} - N_{Fe}E_{bulk}(Fe) - N_{Ce}E_{bulk}(Ce) \right] \tag{3.5}$$

对于 Fe-Ce-M$_1$ 掺杂体系形成焓,计算公式如下:

$$\Delta H_2 = \frac{1}{N_{Fe}+N_{Ce}+N_{M1}} \left[E_{tot} - N_{Fe}E_{bulk}(Fe) - N_{Ce}E_{bulk}(Ce) - N_{M1}E_{bulk}(M_1) \right] \quad 3.6$$

对于 Fe-Ce-M$_2$ 掺杂体系形成焓的计算公式如下:

$$\Delta H_3 = \frac{1}{N_{Fe}+N_{Ce}+N_{M2}} \left[E_{tot} - N_{Fe}E_{bulk}(Fe) - N_{Ce}E_{bulk}(Ce) - N_{M2}E_{bulk}(M_2) \right] \tag{3.7}$$

式中,ΔH_1、ΔH_2、ΔH_3 分别为 Fe-Ce、Fe-Ce-M$_1$、Fe-Ce-M$_2$ 掺杂体系的形成焓,E_{tot} 为掺杂体系的总能量,$E_{bulk}(Fe)$、$E_{bulk}(Ce)$、$E_{bulk}(M_1)$、$E_{bulk}(M_2)$ 分别为 Fe、Ce、M$_1$、M$_2$ 的原子能量,N_{Fe}、N_{Ce}、N_{M1}、N_{M2} 分别为对应体系中 Fe、Ce、M$_1$、M$_2$ 的原子数量。

　　形成焓可用来表征掺杂体系的热力学稳定性。通常来说,形成焓为负值,在理论上体系才能够稳定存在,且形成焓越小,体系则越稳定。与 Fe-Ce 掺杂体系相比,掺杂 M 原子后,体系的形成焓势必发生变化。图 3.8 为 Fe-Ce-M 与 Fe-Ce 掺杂体系形成焓差值(ΔH_2-ΔH_1,ΔH_3-ΔH_1)。形成焓差值大于 0 的体系有 Fe-Ce-Cu、Fe-Ce-Mg、Fe-Ce-C,即掺杂 Cu、Mg、C、S、B、H 后体系的形成焓较 Fe-Ce 体系增大了,表明体系的稳定性降低了,换言之,Cu、Mg、C、S、B、H 的掺杂不利于 Ce 在 Fe 中的固溶。形成焓差值约为 0 的体系有 Fe-Ce-Cr、Fe-Ce-Mn、Fe-Ce-Ni,说明掺杂 Cr、Mn、Ni 对 Fe-Ce 体系的稳定性影响不大,即 Cr、Mn、Ni 的掺杂对 Ce 在 Fe 中的固溶影响较小。形成焓差值小于 0 的体系有 Fe-Ce-Ti、Fe-Ce-V、Fe-Ce-Co、Fe-Ce-Nb、Fe-Ce-Mo、Fe-Ce-W、Fe-Ce-Si、Fe-Ce-Al、Fe-Ce-N、Fe-Ce-O、Fe-Ce-P,说明掺杂 Ti、V、Co、Nb、Mo、W、Si、Al、N、O、P 后体系的形成焓较 Fe-Ce 体系降低了,体系的稳定性提高了,即 Ti、V、Co、Nb、Mo、W、Si、Al、N、O、P 的掺杂有利于 Ce 在 Fe 中的固溶,且其促进 Ce 固溶的能力大小顺序为 Si>P>Al>Ti>O>V>Co>W>Mo>Nb>N。

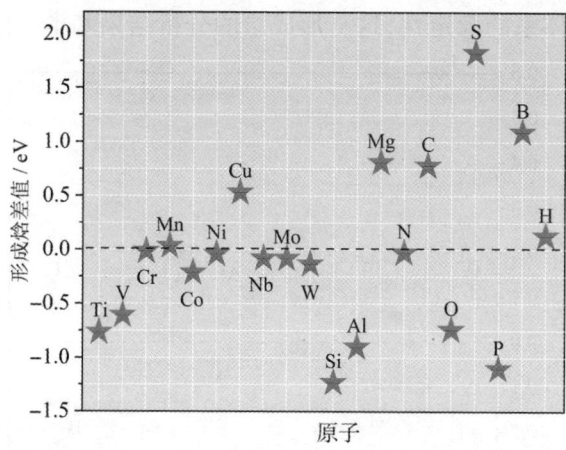

图 3.8　Fe–Ce–M 与 Fe–Ce 掺杂体系形成焓差值

（3）点缺陷结合能

对于 Fe–Ce–M$_1$ 掺杂体系点缺陷结合能，计算公式如下：

$$E_b^{Ce-M1}=E(Fe_{N-1},Ce)+E(Fe_{N-1},M_1)-E(Fe_{N-2},Ce,M_1)-E(Fe_N) \quad （3.8）$$

对于 Fe–Ce–M$_2$ 掺杂体系点缺陷结合能，计算公式如下：

$$E_b^{Ce-M2}=E(Fe_{N-1},Ce)+E(Fe_N,M_2)-E(Fe_{N-1},Ce,M_2)-E(Fe_N) \quad （3.9）$$

式中，E_b^{Ce-M1} 和 E_b^{Ce-M2} 分别为 Ce–M$_1$ 和 Ce–M$_2$ 结合能，$E(Fe_{N-1},Ce)$ 为含 $N-1$ 个 Fe 原子和 1 个溶质原子 Ce 的超晶胞总能量，$E(Fe_{N-1},M_1)$ 为含 $N-1$ 个 Fe 原子和 1 个溶质原子 M$_1$ 的超晶胞总能量，$E(Fe_{N-1},Ce,M_1)$ 为含 $N-2$ 个 Fe 原子和 2 个溶质原子 Ce 以及 M$_1$ 的超晶胞总能量，$E(Fe_N,M_2)$ 为含 N 个 Fe 原子和 1 个间隙原子 M$_2$ 的超晶胞总能量，$E(Fe_{N-1},Ce,M_2)$ 为含 $N-1$ 个 Fe 原子、1 个溶质原子 Ce 和 1 个间隙原子 M$_2$ 的超晶胞总能量，$E(Fe_N)$ 为含 N 个 Fe 原子超晶胞的总能量。

结合能数值大于 0，表示两个杂质原子 Ce 与 M 之间产生相互吸引力；结合能数值小于 0，表示二者之间相互排斥。掺杂体系中 Ce 原子与 M 原子之间的结合能计算结果如图 3.9 所示。由图可见，Ti、V、Cr、Mn、Co、Ni、Cu、Nb、Mo、W、Si、Al、N、O、S、P、H 与 Ce 的结合能均为正值，说明二者之间表现为相互吸引，这在一定程度上有利于体系稳定性的提高；其中，O、S 与 Ce 的吸引力最强，容易形成化合物，这与炼钢过程中易生成铈氧化物、铈硫氧化物及铈硫化物的结果相吻合，除 O、S 以外，N 与 Ce 的吸引力最强。反之，Mg、C、B 与 Ce 之间表现为相互排斥,降低体系的稳定性,这与形成焓的分析结果基本一致。

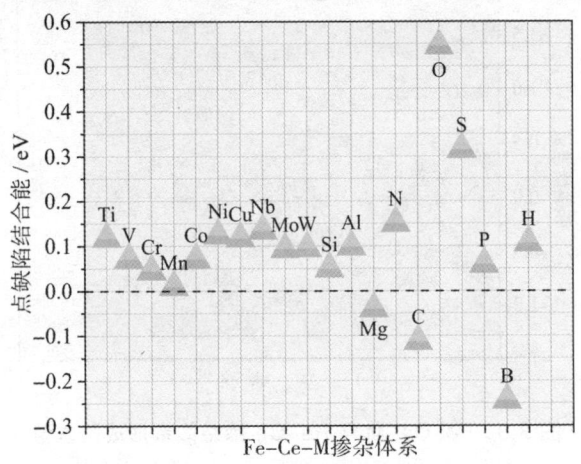

图 3.9　Fe-Ce-M 掺杂体系点缺陷结合能

3.4.4　几何结构分析

从上述掺杂体系的溶解能的分析结果可知,钢中常见的 20 种元素都能够稳定存在于 Fe 基体中。从形成焓差值的结果可知,Si 的掺杂使得 Fe-Ce 体系的稳定性得到进一步加强,这说明 Si 的掺杂促进了 Ce 的固溶,并且固溶 Ce 的能力最强;从点缺陷结合能的分析结果可知,除 O、S 以外,N 对 Ce 的吸引力最强,这说明 N 对 Ce 的固溶也起到了积极的作用。因此,选取掺杂元素 Ti、Si、N,来对比分析促进 Ce 固溶的原因。Ti、Si、N 分别处于元素周期表第四、第三、第二周期,具有不同的核外电子结构,更具有代表性。

本节将从几何结构角度分析 Ce 固溶于 α-Fe 中的微观行为以及 Ti、Si、N 促进 Ce 在钢中固溶的微观机制。图 3.10 为 Fe 及其掺杂体系的几何结构示意图,图 3.10(a)为 Fe 晶胞结构模型,其中,蓝色截面为(100)面,图 3.10(b)为 Fe 晶胞(100)面示意图,图 3.10(c)~(f)分别为 Fe-Ce、Fe-Ce-Ti、Fe-Ce-Si、Fe-Ce-N 掺杂体系(100)面晶体结构示意图。掺杂 Ce 后,Ce 原子周围的 Fe 原子被"挤开",如图 3.10(c)所示。Fe—Ce 键长由优化前 Fe—Fe 键长的 2.832 Å 增大到 2.915 Å,小于 Fe 与 Ce 原子半径之和(1.72+2.70=4.42 Å),又因 Ce 原子的外层电子（4f¹ 5d¹ 6s²）对原子核封闭得不严，致使 Ce 有较大的有效电荷，对其周围的 Fe 原子有较大的吸引力，因此 Ce 与 Fe 之间形成了强烈的金属键，这也是 Ce 能够固溶在 Fe 基体中的原因。由 3.4.1 节分析结果可知，Ti 和 Si 优先取代 Fe3 位置（距 Ce 较远的位置）的 Fe 原子，如图 3.10（d）和（e）所示。Ce—Ti 键长为 4.047 Å，略小于二者原子半径之和（2.70+2.00=4.70 Å），Ce—Si 键长为 4.064 Å，与二者原子半径之和（2.70+1.46=4.16 Å）相比，几乎没有变化，这说明 Ce 与 Ti 之间的相互作用要稍稍强于 Ce 与 Si 之间的相互作用，同时揭示了 Ce 与 Ti 之间的相互吸引力大于 Ce 与 Si 之间的相互吸引力的原因，与点缺陷结合能的分析结果是吻合的。从几何结构的角度分析，虽然 Ti、Si 与 Ce 的相互作用较弱，但是 Ti 与 Si 的掺杂使得周围 Fe 原子与 Ce 原子的相互作用加强，从图 3.10（d）和图 3.10（e）可以看出，在 z 轴方向上，Ti 的掺杂使得 Ce 周围的 Fe 与 Ce 的键长由未掺杂 Ti 之前的 2.915 Å 减小为 2.912 Å，Si 的掺杂使得 Ce 周围的 Fe 与 Ce 的键长由未掺杂 Si 之前的 2.915 Å 减小为 2.908 Å，Fe—Ce 键长减小，即 Fe—Ce 键能增强。虽然在 xz 面上，Fe—Ce 键长增长了，但是 Ti、Si 的掺杂使得 Ti、Si 与 Fe 之间的相互作用明显增强，Fe—Ti 键长为 2.867 Å 和 2.835 Å，Fe—Si 键长为 2.851 Å 和 2.786 Å，远小于 Fe 与 Ti（1.72+2.00=3.72 Å）和 Fe 与 Si 的原子半径之和（1.72+1.46=3.18 Å），Fe—Ti 与 Fe—Si 之间形成了较强的金属键。从晶格畸变的角度分析，Si 的原子半径（1.46 Å）小于 Ti 的原子半径（2.00 Å），掺杂 Si 引起的晶格畸变率要小于掺杂 Ti 所引起的晶格畸变率。晶格畸变率越小，掺杂体系的稳定性就越强，这也是 Fe–Ce–Si 掺杂体系的稳定性强于 Fe–Ce–Ti 掺杂体系的原因。掺杂 N 后，由 3.4.1 节分析结果可知，N 优先占据八面体 O2 位置，如图 3.10（f）所示。N–Ce 键长为 2.432 Å，远小于 N 与 Ce 的原子半径之和（0.75+2.70=3.45 Å），说明 N 与 Ce 之间产生了强烈的相互作用。N 与 Ce 的电负性分别为 3.04 和 1.12，二者差异较大，使得 N 与 Ce 之间形成了共价键，这与点缺陷结合能的结果相吻合。同时 Ce 的第一电离能很小，这说明 Ce 原子很容易失去电子，固溶在 Fe 晶胞中的 Ce 原子的价电子很容易发生偏移或者部分脱离原子核的束缚，引起 Ce 原子极化或者离子化，而 N 的掺杂进一步促进 Ce 原子极化或者离子化，降低其原子半径，有利于 Ce 在 α–Fe 中的固溶。掺杂 Ti、Si、N 都能够促进 Ce 的固溶，但作用机理不同，

Ti 和 Si 是通过与 Fe 相互作用,使得晶胞整体稳定性得到增强;而 N 与
Ce 形成共价键,将 Ce "抓住",从而促进 Ce 的固溶。

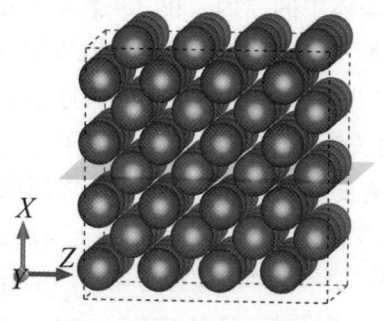

（a）Fe 晶胞弛豫后结构模型

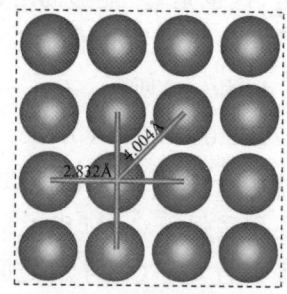

（b）Fe 晶胞(100)面晶体结构示意图

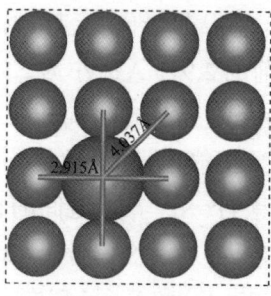

（c）Fe-Ce（100）面晶体结构示意图

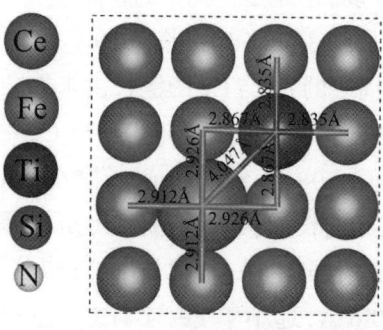

（d）Fe-Ce-Ti（100）面晶体结构示意图

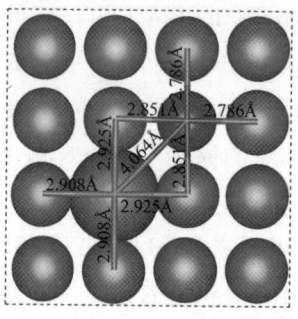

（e）Fe-Ce-Si（100）面晶体结构示意图

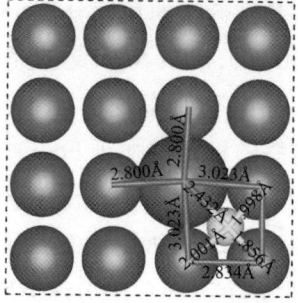

（f）Fe-Ce-N（100）面晶体结构示意图

图 3.10　结构模型和结构示意图

3.4.5　试验验证

为验证上述计算结果,以促进 Fe-Ce 掺杂体系稳定性最强的 Si 元

素以及与 Ce 吸引力最强的 N 元素为例进行实验研究,探讨 Si、N 含量对 Ce 的影响。在实验室条件下,以高强度无间隙原子钢 CR260IF 为母料,采用直流电弧炉并通过添加硅粉、镧铈铁合金来熔炼不同 Si 含量的微合金试验钢,化学成分见表 3.3 所列;以海洋工程用高屈服强度 A517Gr.Q 钢为目标成分,采用真空感应炉并通过配加电解锰、纯铁、铈铁合金、氮化铬铁合金、电解镍、钼铁、硅铁等合金来熔炼不同 N 含量的低合金试验钢,化学成分见表 3.4 所列。

　　由表 3.3 可知,稀土(RE=La+Ce)设计加入量为 0.10%,在其他元素含量基本不变的情况下,Si 含量由 1.978% 提高到 3.584% 时,RE 含量相应由 0.0097% 增大到 0.0170%,可见 RE 含量随 Si 含量的增加而增加;在表 3.4 中,同样可以看出,Ce 含量也随着 N 含量的增加而增加。这验证了上述计算结果的可靠性,同时也证实了 Si、N 对钢中稀土确有促进作用。

表 3.3　不同 Si 含量的微合金试验钢化学成分(wt.%)

No.	C	Si	Si*	Mn	P	S	Nb	Alt	RE	RE*	Fe
1	0.005	1.978	2.00	1.845	0.007	0.001	0.049	0.151	0.0097	0.10	Bal.
2	0.006	2.624	2.50	1.844	0.007	0.001	0.053	0.153	0.0105	0.10	Bal.
3	0.011	3.584	3.50	1.928	0.008	0.001	0.051	0.169	0.0170	0.10	Bal.

注: * 表示设计加入量。

表 3.4　不同 N 含量的低合金试验钢化学成分(wt.%)

No.	C	Si	Cr	Mn	Ni	Mo	V	Nb	Ce	Ce*	N	N*	Fe
1	0.13	0.18	1.59	1.61	1.44	0.61	0.033	0.037	0.047	0.08	0	0	Bal.
2	0.12	0.22	1.52	1.55	1.48	0.62	0.038	0.042	0.050	0.08	0.018	0.018	Bal.
3	0.12	0.19	1.62	1.62	1.48	0.64	0.039	0.032	0.056	0.08	0.041	0.038	Bal.

注: * 表示设计加入量。

3.5 掺杂体系力学性能计算

3.5.1 弹性常数

体系能否稳定存在,需考虑以下两个因素:一是热力学上要稳定,即上节讨论的溶解能和形成焓;二是晶格的动态平衡,即晶格的力学稳定性。不同晶系的晶体具有不同的独立弹性常数,Fe–Ce–M 晶胞经结构优化后为立方晶系,对于立方晶系来说,由于存在对称关系,有 3 个独立的弹性常数(C_{11}、C_{12}、C_{44})。

晶格的力学稳定性可由 Born–Huang 判据进行判断。Fe–Ce–M 晶体结构的独立弹性常数 C_{11}、C_{12} 和 C_{44} 须同时满足式(3.10),晶体才能稳定存在。

$$C_{11}>0, C_{44}>0, C_{11}+2C_{12}>0, C_{11}>C_{12} \qquad (3.10)$$

Fe 及掺杂体系弹性常数的计算结果见表 3.5 所列。将弹性常数代入式(3.10)进行验证,结果表明所有掺杂体系都满足 Born–Huang 力学稳定性判据。因此,所有掺杂体系均满足弹性稳定机制,晶体结构稳定,这与形成焓分析结果一致。

表 3.5 Fe 和掺杂体系弹性常数 C_{ij}(GPa)

systems	C_{11}	C_{12}	C_{44}
Fe	260.07	134.62	98.87
Fe–Ce	253.03	129.71	94.31
Fe–Ti	240.94	122.95	92.83
Fe–Si	237.45	119.70	98.02
Fe–N	288.45	144.03	95.00
Fe–Ce–Ti	255.23	131.87	93.82
Fe–Ce–Si	247.79	130.11	97.20
Fe–Ce–N	249.68	133.02	93.91

弹性常数 C_{11} 和 C_{33} 分别表示固体材料在 X 轴和 Z 轴方向上的不可压缩性,在立方结构中,C_{33} 等于 C_{11}。从表 3.5 可以看出,所有体系的 C_{11} 数值都较 C_{12} 和 C_{44} 大,表明掺杂体系在单轴条件下,X 轴和 Z 轴两个方向不容易被压缩。掺杂 Ce、Ti、Si 后,体系的 C_{11} 值都降低了,分别由纯 Fe 体系时的 260.07 GPa 降低至 253.03 GPa、240.94 GPa、237.45 GPa,这说明 Ce、Ti、Si 降低了体系在 X 轴和 Z 轴两个方向上的不可压缩性,但 Ce 降低的程度远小于 Ti 和 Si。与 Ce、Ti、Si 不同,掺杂 N 后,体系的 C_{11} 值大幅度提高了,由 260.07 GPa 提高到 288.45 GPa,N 提高了体系在 X 轴和 Z 轴两个方向上的不可压缩性。产生这样的差异,可能是因为它们在基体中占位方式不同所致,Ce、Ti、Si 等原子半径较大的原子优先取代超胞中的 Fe 原子,而原子半径较小的 N 原子优先占据间隙位置。掺杂原子与基体原子半径差别越大,掺杂原子所引起的晶格畸变也越大。间隙掺杂引起体系的晶格畸变率要大于替代掺杂引起的晶格畸变率,因此间隙掺杂的强化效果大于替代掺杂的强化效果。在共掺杂体系中,Ti 略微增加了体系的 C_{11} 值,由 253.03 GPa 增加到 255.23 GPa;Si 和 N 均降低了体系的 C_{11} 值,分别降低至 247.79 GPa 和 249.68 GPa。

C_{44} 是表征剪切模量的一个重要参数,表示晶体在(100)面上抵抗剪切应变的能力。从表 3.5 可以看出,在单掺杂体系中,Ce 与 Ti、Si、N 一样,掺杂后体系的 C_{44} 值均减小;在共掺杂体系中,掺杂 Ce 后体系的 C_{44} 值也减小,说明 Ce 的掺杂降低了体系的剪切模量及体系抗剪切应变的能力。

3.5.2　弹性模量

弹性模量可定义为,单向应力状态下应力除以该方向的应变。对弹性体施加一个作用力,弹性体会发生相应的形变,晶体材料在弹性变形阶段,应力和应变符合胡克定律,其比例系数便是弹性模量。弹性模量是描述晶体材料弹性的一个物理量,是一个统称,根据不同的受力情况,可分为体积模量 B、剪切模量 G 和杨氏模量 E 等。可根据弹性常数并由 Voigt-Reuss-Hill 近似算法计算出体积模量、剪切模量,具体计算公式如下:

$$B_{\mathrm{H}}=\frac{1}{2}(B_{\mathrm{V}}+B_{\mathrm{R}}) \tag{3.11}$$

$$G_{\mathrm{H}}=\frac{1}{2}(G_{\mathrm{V}}+G_{\mathrm{R}}) \tag{3.12}$$

对于立方晶系，B_{V}、B_{R}、C_{V}、C_{R} 的计算式为

$$B_{\mathrm{V}}=B_{\mathrm{R}}=\frac{1}{3}(C_{11}+2C_{12}) \tag{3.13}$$

$$G_{\mathrm{V}}=\frac{1}{5}(C_{11}-C_{12}+3C_{44}) \tag{3.14}$$

$$G_{\mathrm{R}}=\frac{5(C_{11}-C_{12})C_{44}}{4C_{44}+3(C_{11}-C_{12})} \tag{3.15}$$

式中，下标 H、V 和 R 分别代表 Hill、Voigt 和 Reuss 近似。

由体积模量和剪切模量，可进一步计算材料的杨氏模量和泊松比，具体公式如下：

$$E=\frac{9BG}{3B+G} \tag{3.16}$$

$$\sigma=\frac{3B-2G}{2(3B+G)} \tag{3.17}$$

体积模量用来表征均质各向同性固体的弹性，反映晶格在压力条件下抵抗变形的能力。一般来说，高体积模量的固体材料具有较高的不可压缩性。剪切模量是剪切应力与剪切应变之比，反映晶体材料抵抗塑性变形能力。杨氏模量是指晶体材料在弹性变形范围内，作用于材料上的应力（如拉伸、弯曲、扭曲等）与之产生的相应应变之比，是表征晶体中原子间结合力强弱的物理量，是组织结构的不敏感参数。在工程上，杨氏模量常作为材料刚度的度量，表征材料变形的难易程度。图 3.11 是纯 Fe、Fe-Ce、Fe-Ce-Ti、Fe-Ce-Si、Fe-Ce-N 体系体积模量、剪切模量和杨氏模量的计算结果。从图 3.11 可以看出，掺杂 Ce 后，Fe-Ce 体系的 B、G、E 值分别为 170.82 GPa、79.56 GPa、206.59 GPa，较纯 Fe 体系分别降低了 5.62 GPa、4.85 GPa、11.82 GPa，即 Ce 略微降低了体系的不可压缩性、抵抗剪切变形的能力以及体系的刚度，其中，不可压缩性和抗剪切变形能力的分析结果与上文弹性常数的分析相一致。值得注意的是，在共掺杂体系中，B、G、E 的值变化很小，说明 Ti、Si、N 的掺杂对体系的影响较小。

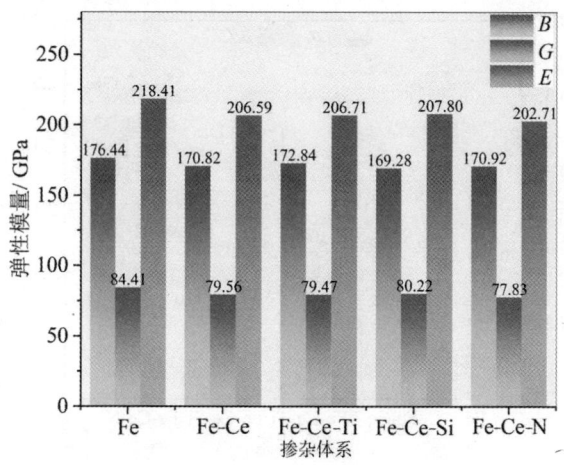

图 3.11　纯 Fe 及掺杂体系的体积模量 B、剪切模量 G 和杨氏模量 E

3.5.3　韧性

值得注意的是,在所有体系中,计算的 B 值均大于 G 值。根据 Pugh 判据,B/G 的比值可用于度量材料的韧性或脆性。区分韧脆性的临界值为 1.75,当 $B/G>1.75$ 时,该材料呈现韧性特征,反之呈现脆性特性。B/G 值越大,表明材料的韧性越好。此外,泊松比也可以用来度量材料的韧性和脆性,可用式(3.17)计算。当 $\sigma>0.26$ 时,该材料表现为韧性材料;反之为脆性材料,且值越大,表明韧性越好。

图 3.12 为纯 Fe 及掺杂体系的 Pugh 比和泊松比的计算结果。由图可见,纯 Fe 及掺杂体系的 B/G 值均大于 1.75、σ 值均大于 0.26,都表现出韧性特征。掺杂 Ce 后,Fe-Ce 体系的 B/G 值由纯 Fe 的 2.090 增大到 2.147,即 Ce 提高了体系的韧性。在共掺杂体系中,Fe-Ce-Ti、Fe-Ce-Si 和 Fe-Ce-N 的 B/G 值分别为 2.175、2.110 和 2.196,较 Fe-Ce 体系来说,Ti 和 N 提高了体系的韧性而 Si 降低了体系的韧性。掺杂体系泊松比的变化趋势与 Pugh 比相同,不重复论述。

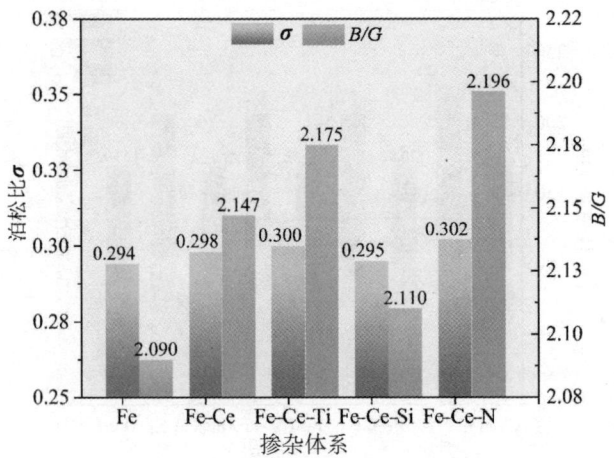

图 3.12　纯 Fe 及掺杂体系 Pugh 比 B/G 和泊松比 σ

3.5.4　硬度与可加工性能

硬度是衡量金属材料软硬程度的一项重要性能指标,既可理解为材料抵抗弹性变形、塑性变形或破坏的能力,也可表述为材料抵抗残余变形和反破坏的能力。硬度是材料弹性、塑性、强度和韧性等力学性能的综合指标。目前存在多种硬度的测试方法及理论计算方法,Candan 等人基于 Pugh 模量比($k=G/B$)提出一种新的理论模型,可用于预测材料的维氏硬度 H_V,可通过式 3.18 计算。

$$H_V=2\left(k^2G\right)^{0.585}-3 \qquad (3.18)$$

由式(3.18)可看出,材料的维氏硬度与剪切模量和体积模量密切相关,其中,剪切模量占比较大,这与硬度测量的实际相吻合(硬度测量值与压痕深度密切相关,而剪切模量对压痕阻力的恢复起主要作用)。

对于金属材料来说,不仅要有优异的使用性能,诸如较高的强度、硬度、疲劳强度以及韧性等,还要有良好的工艺性能,反映机械零件在制造加工过程中加工成形的适应能力。良好的可加工性能是前提,显著影响金属材料的使用范围。Sun 等人基于弹性常数提出一种新的理论模型,用机械加工指数 μ_M 来评估金属材料的可加工性能,其值越高,表示可加工性能越好,计算公式如下:

$$\mu_{\mathrm{M}} = \frac{B}{C_{44}}$$ （3.19）

　　纯 Fe 及掺杂体系的维氏硬度和机械加工指数的计算结果如图 3.13 所示。由图可见，掺杂 Ce 后体系的维氏硬度降低了，由 7.93 GPa 降低到 7.58 GPa；在共掺杂体系中，Ti 降低了体系的维氏硬度，Si、N 则提高了 Fe-Ce 体系的维氏硬度，分别为 7.85 GPa 和 7.71 GPa，但依旧小于纯 Fe（7.93 GPa）。总的来说，掺杂 Ce 降低了体系的维氏硬度。掺杂 Ce 后，Fe-Ce 体系的机械加工指数由 1.78 提高到 1.81，表明 Ce 改善了体系的可加工性能。在共掺杂体系中，Ti 改善了体系的可加工性能；掺杂 Si 后，Fe-Ce-Si 体系的 μ_{M} 值为 1.74，远低于 Fe-Ce（1.81）及纯 Fe（1.78）体系，Si 大幅度降低了体系的可加工性能；掺杂 N 后，μ_{M} 值由 1.81 提高到 1.82，N 略微改善了体系的可加工性能。

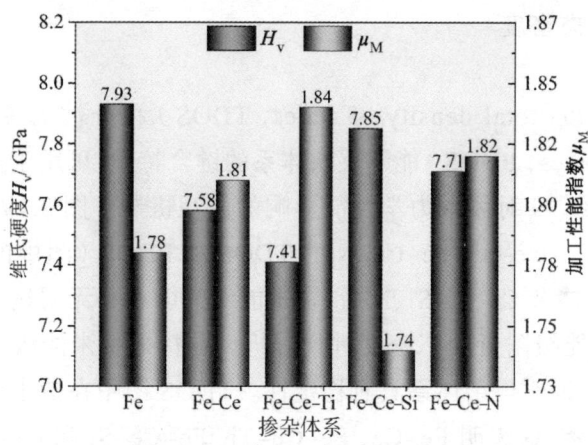

图 3.13　纯 Fe 及掺杂体系的维氏硬度 H_{V} 及机械加工性能指数 μ_{M}

　　基于上述弹性模量、韧性、硬度及可加工性能的分析，Ce 降低了体系的不可压缩性、抗剪切变形能力、刚度以及硬度，但提高了体系的韧性及可加工性。共掺杂体系中，Ti、Si、N 在体系硬度、韧性等方面扮演着或积极或消极的作用。这为稀土钢的研发，尤其在稀土钢成分设计阶段，提供了一条便捷而有效的理论研究方法。以本次计算为例，若要降低稀土对钢硬度的恶化程度，设计成分时应避免 Ti 或者适当减少 Ti 含量或者适当增加 Si 含量；若要平衡硬度与韧性以获得良好的可加工性，可适当配加 N，以获得综合性能良好的稀土钢。在今后的研发中，依据钢材目标性能（如强度、硬度、韧脆性等）结合合金元素类型及含量的理论计算应获得更多的重视,明确钢中元素与稀土元素的相互作用规律,趋利避害,最大化发挥稀土的功效。

3.6 掺杂体系电子结构分析

材料的性质与其电子结构密不可分,本节试图通过态密度、差分电荷密度与 Bader 电荷来分析掺杂元素 Ce 对 Fe 基体力学性能的影响以及促进 Ce 固溶的 Ti、Si、N 元素对 Fe-Ce 体系力学性能的影响机理。

3.6.1 态密度

总态密度(total density of states,TDOS)和分波态密度(partial density of states,PDOS)能够反映体系的键合特性,可用于揭示掺杂元素 Ce、Ti、Si、N 对体系力学性能影响的微观机制。图 3.14 为 Fe-Ce、Fe-Ce-Ti、Fe-Ce-Si、Fe-Ce-N 的 TDOS 和 PDOS(图中的虚线表示费米能级)。掺杂 Ce、Ti、Si、N 后,费米能级的能态并无明显变化,因此,只需对费米能级附近的态密度进行分析。在接近费米能级的位置出现了一个峰,这说明掺杂体系具有稳定性。TDOS 图中在费米能级处的态密度均不为零,这表明 Fe-Ce、Fe-Ce-Ti、Fe-Ce-Si 和 Fe-Ce-N 体系在整体上都呈现出金属特性。从图 3.14(a)可以看出,费米能级附近 Fe d 与 Ce f 轨道发生了杂化反应,说明 Fe 与 Ce 之间存在较强的相互作用;Fe-Ce 体系的主要成键峰($-5.0 \sim 0.5$ eV)是由 Fe d、Ce d、Ce f 轨道电子杂化贡献的。同理,从图 3.14(b)可以看出,费米能级附近 Fe d 与 Ti d、Ce d、Ce f 轨道发生了杂化反应,说明 Ti、Ce 与 Fe 之间存在较强的相互作用;Fe-Ce-Ti 体系的主要成键峰($-5.0 \sim 0.6$ eV)由 Fe d、Ti d、Ce d、Ce f 轨道电子杂化贡献的,在图 3.14(c)所示的 Fe-Ce-Si 体系中,费米能级附近 Fe d 与 Si p、Ce d、Ce f 轨道发生了杂化反应,说明 Si、Ce 与 Fe 之间存在较强的相互作用;Fe-Ce-Si 体系的主要成键峰($-5.0 \sim 0.7$ eV)由 Fe d、Si p、Ce d、Ce f 电子提供。在图 3.14(d)

所示的 Fe-Ce-N 体系中,费米能级附近 Fe d 与 N p、Ce d、Ce f 轨道发生了杂化反应, N、Ce 与 Fe 之间存在较强的相互作用; Fe-Ce-N 体系的主要成键峰(-8.0~0.7 eV)由 Fe d、N p、Ce d、Ce f 电子提供。注意到,与掺杂 Ti、Si 不同, Fe-Ce-N 体系在 -9.3~-8.5 eV 产生了离域化并出现三个低能级成键峰, -8.0~-5.0 eV 处的成键峰由 N s、Ce d 轨道电子提供,轨道发生了共振,说明 N 与 Ce 之间存在着较强的相互作用。综上所述,掺杂体系中既有金属键,也有共价键,共价键的形成阻碍了位错的产生与运动,有利于提高材料的抗形变能力。

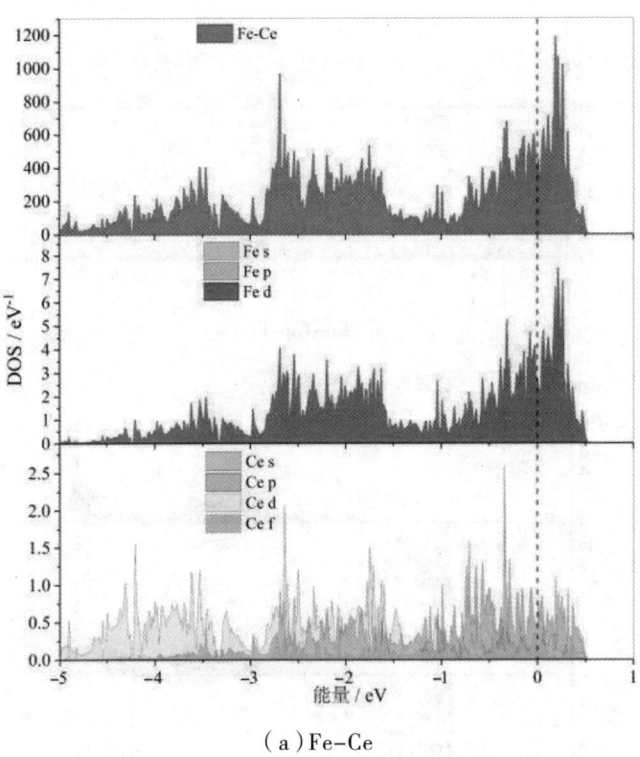

(a)Fe-Ce

图 3.14　掺杂体系的 TDOS 和 PDOS 图

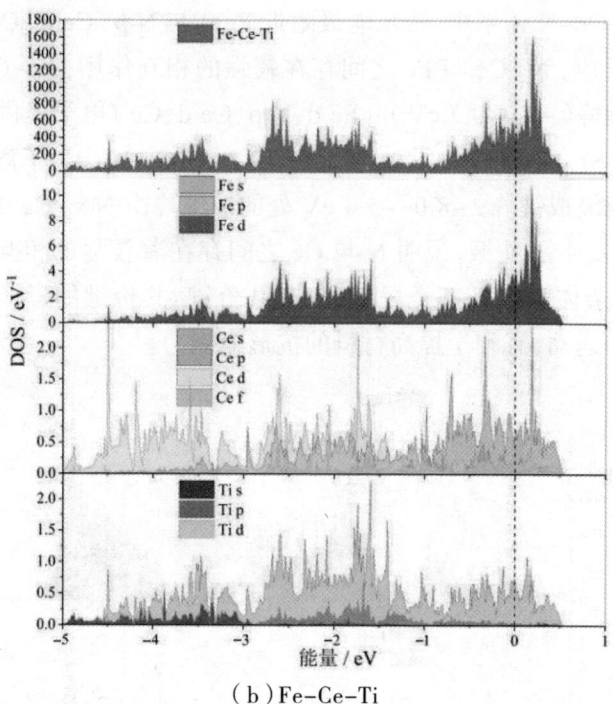

（b）Fe-Ce-Ti

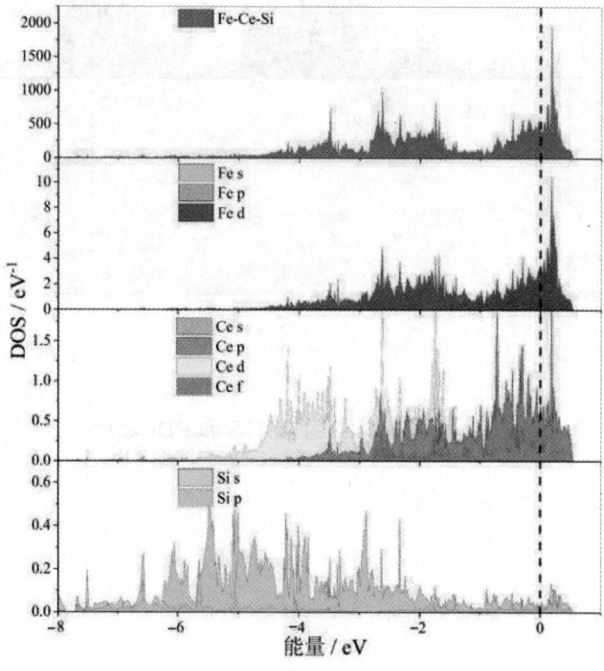

（c）Fe-Ce-Si

图 3.14 （续）

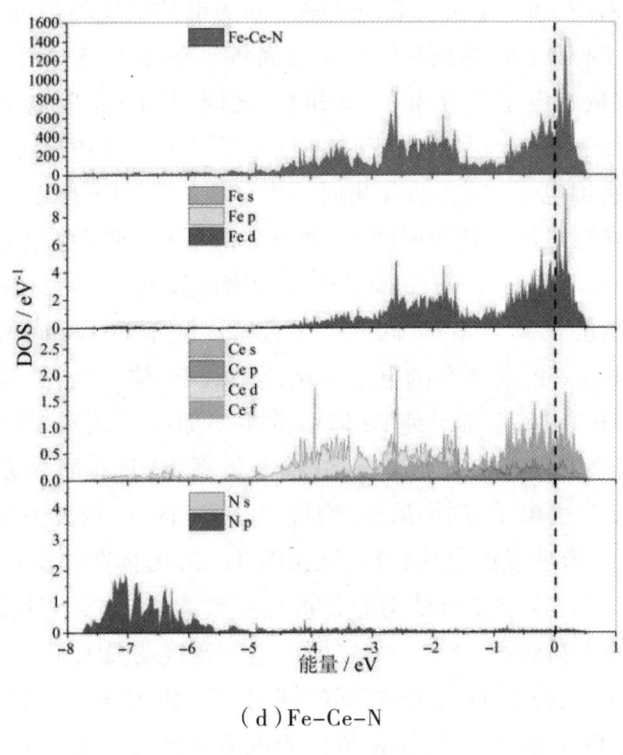

（d）Fe–Ce–N

图 3.14　（续）

根据赝能隙理论,在体系中形成离子键或产生杂化效应是赝能隙形成的主要原因。赝能隙越宽,说明杂化效应越显著,其原子间的结合越强,体系结构越稳定。通过比较赝能隙大小发现,Fe-Ce、Fe-Ce-Ti、Fe-Ce-Si 和 Fe-Ce-N 的赝能隙分别为 0.064 eV、0.113 eV、0.119 eV 和 0.087 eV,这说明掺杂 Ti、Si 和 N 均提高了 Fe-Ce 体系的稳定性,且 Si 提高体系稳定的能力远大于 Mn、N,这与形成焓分析结果一致。

3.6.2　差分电荷密度

差分电荷密度可更直观地观察体系中原子间的相互作用,并进一步说明成键特性,从原子尺度揭示掺杂体系的强韧性机制。图 3.15 为 Fe、Fe-Ce、Fe-Ce-Ti、Fe-Ce-Si、Fe-Ce-N 掺杂体系的差分电荷密度图,标尺中的电荷密度范围为 −0.01~0.01 e/Å³。电荷密度越大,则差分电荷密度图中的区域越趋向于深灰色；电荷密度越小，区域越趋向黑色。从图 3.15（a）可以看出，Fe 原子间的电荷密度均匀分布，表明纯 Fe 体系中 Fe 原子间的相互作用是金属键。在图 3.15（b）~（e）掺杂体系中，大量的电子云分布在 Fe 和 Ce 之间，且 Fe 得到电子，Ce 失去电子。从图 3.15（b）可以看出，掺杂 Ce 后，Fe-Ce 间的自由电子由 Ce 原子的外层价电子提供，结合几何结构分析，一个 Ce 原子贡献的自由电子可同时辐射作用其周围的 Fe 原子。由于 Ce 原子失去电子，Fe 原子得到电子，所以 Ce 原子周围的电子云密度较低，其相邻 Fe 原子周围的电子云密度较高，Fe-Ce 间的电子云密度大于 Fe-Fe 间的电子云密度，致使 Fe-Ce 掺杂体系的电子云密度较纯 Fe 体系大，这是掺杂体系韧性（泊松比、B/G）高于纯 Fe 体系的主要原因。从图 3.15（c）、（d）可以看出，在 Fe-Ce-Ti、Fe-Ce-Si 掺杂体系中，具有明显方向性的电荷分布，Ce 失去电子，周围的 Fe 均得到电子，Ti、Si 均失去电子，Ti、Si 与 Ce 之间没有明显的电荷转移，这说明 Ti、Si 的掺杂并没有直接与 Ce 产生相互作用，这与几何结构的分析是一致的。Ti、Si 与周围 Fe 之间存在明显的电荷转移，Ti 与 Fe 之间的电荷密度明显大于 Si 与 Fe 之间的电荷密度，这说明 Ti 与 Fe 之间的键能大于 Si 与 Fe 之间的键能。同时，还发现 Fe-Ce-Ti 掺杂体系整体的电荷密度明显大于 Fe-Ce-Si 掺杂体系整体的电荷密度。这也是 Fe-Ce-Ti 掺杂体系韧性大于 Fe-Ce-Si 掺杂体系的原因。从图 3.15（e）可以看出，掺杂 N 后，N 得到电子，与 N 邻近的 Fe 失去电子，Ce 依然失去电子，与 Ce 邻近的 Fe 得到电子，N 与 Ce 之间也存在明显的电荷转移，这是因为 N 与 Ce 之间的距离较近（2.432 Å），同时 N 与 Ce 的电负性差异很大，使得 N 与 Ce 之间存在了强烈的相互作用。N 周围的电荷密度明显大于 Ti、Si 周围的电荷密度。这也是 Fe-Ce-N 掺杂体系的韧性强于 Fe-Ce-Ti、Fe-Ce-Si 掺杂体系的原因。N 的间隙掺杂具有固溶强化的作用，同时 Ce 的掺杂，使得 N 与 Ce 之间存在强烈的相互作用，进一步加强固溶强化的效果，起到了钉扎的作用，使得 Fe-Ce-N 掺杂体系的韧性提高的同时，硬度也得到了保障。

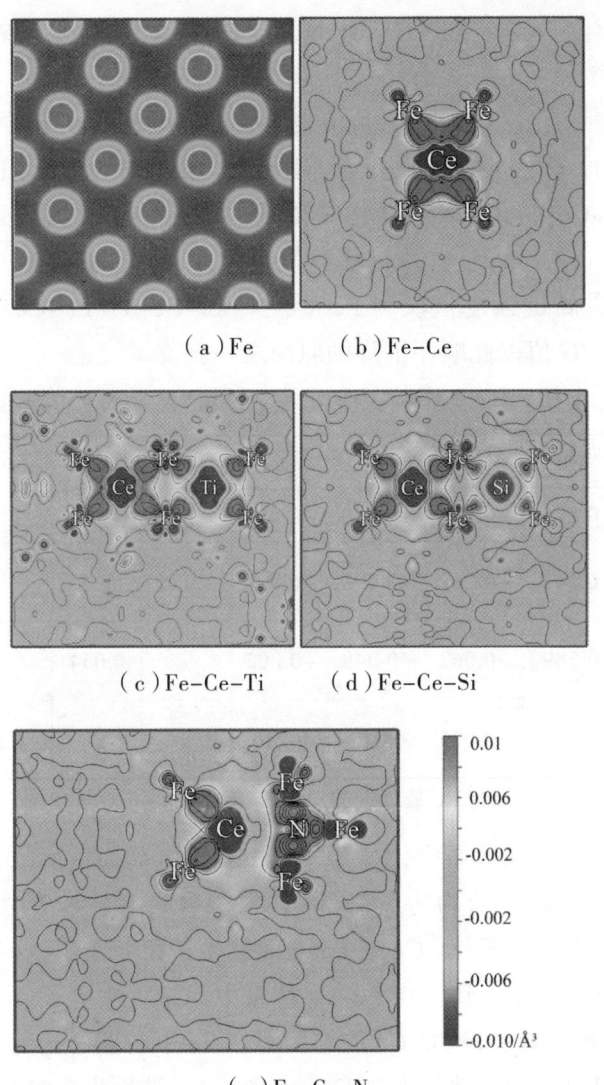

（a）Fe　　　（b）Fe-Ce

（c）Fe-Ce-Ti　　　（d）Fe-Ce-Si

（e）Fe-Ce-N

图 3.15　Fe 及掺杂体系在（010）面的电荷密度及差分电荷密度图

3.6.3　Bader 电荷分析

在掺杂体系中,溶质元素和溶剂元素之间通常存在电荷转移,为深入了解 Ce 与 Fe 以及 Ce 与第三组元（Ti、Si、N）间的电荷转移关系,基于 Bader 电荷分析方法量化了原子间的电荷转移情况,掺杂体系中的

Ce 原子、配位 Fe 原子以及 Ti、Si、N 原子的 Bader 电荷分析结果见表 3.6 所列。

正值表示原子失去电子,负值表示原子获得电子。体系中存在电荷转移,表明原子之间形成了相互作用关系。由表 3.6 可见,Fe−Ce、Fe−Ce−Ti、Fe−Ce−Si、Fe−Ce−N 掺杂体系的电荷转移总数分别为 1.813、2.132、1.241、2.143,总电荷转移数值越大,结合能力越强。以此判断,掺杂体系金属键强度依次为 Fe−Ce−N>Fe−Ce−Ti>Fe−Ce>Fe−Ce−Si,这也是 σ、B/G 值以此顺序下降的原因之一。

表 3.6　掺杂体系中 Ce 原子,配位 Fe 原子以及 Ti、Si、N 原子的 Bader 电荷

System	Ce	Fe1	Fe2	Fe3	Ti	Si	N	Total
Fe−Ce	0.575	−0.058	−0.040	−0.053				1.813
Fe−Ce−Ti	0.542	−0.062	−0.098	−0.007	1.075			2.132
Fe−Ce−Si	0.589	−0.062	−0.048	−0.002		0.054		1.241
Fe−Ce−N	0.727	−0.075	0.017	0.216			−1.149	2.143

注:Fe1~Fe3 表示与 Ce 最邻近的三个 Fe 原子。

在 Fe−Ce 掺杂体系中,Ce 原子的 Bader 电荷为正值(0.575),配位 Fe 原子的 Bader 电荷均为负值,说明在 Fe−Ce 掺杂体系中 Ce 失去电子,Fe 得到电子。显然,Ce 与 Fe 之间发生了相互作用,这与差分电荷密度的分析结果相一致。在 Fe−Ce 体系中,Ce 失去电子,产生极化,致使 Ce 原子半径减小,这是 Ce 能够固溶在 Fe 中的理论基础。从几何结构分析可知,Fe—Fe 键长为 2.832 Å,Fe—Ce 键长为 2.915 Å。根据键长越短键能越强的理论,可以大致判断 Fe—Fe 金属键的强度大于 Fe—Ce 金属键的强度。在 Fe−Ce 掺杂体系中,同时存在 Fe—Fe 和 Fe—Ce 键,这使得整体金属键的强度低于纯 Fe 体系,这是 Fe−Ce 体系的 B、E、G、H_V 值低于纯 Fe 体系的主要原因。

掺杂 Ti 和 Si 后,Ti 降低了 Ce 的 Bader 电荷值(从 0.575 降低到 0.542),而 Si 提高了 Ce 的 Bader 电荷值(从 0.575 增大到 0.589),这是 Si 较 Ti 更有利于提高体系稳定性的原因。Ti、Si 和 Ce 的 Bader 电荷数均为正值,说明在体系中,Ti 与 Ce、Si 与 Ce 并未形成相互作用关

系,这与点缺陷结合能分析结果一致。N 掺杂后,较 Fe-Ce 体系,Ce 的 Bader 电荷显著增大了(从 0.575 增大到 0.727),且 N 的 Bader 电荷为负值,说明体系中,Ce 与 N 相互吸引且作用较强,这与点缺陷结合能的结论相吻合。Ti、Si、N 的掺杂都影响了 Ce 原子转移电子的总数,且 Ti、Si、N 影响 Ce 电荷转移数的能力依次增大,这也是 Fe-Ce-Ti、Fe-Ce-Si、Fe-Ce-N 体系韧性增强的主要原因。

综上所述,当 Ce 掺杂在 Fe 基体后,Fe-Ce-M 体系的韧性改变主要源于 M 对 Ce 的作用,其作用越强,体系的韧性越好。

3.7　小结

(1)Fe-Ce 单掺杂体系溶解能计算结果表明,Ce 能够取代 Fe 原子占位于 α-Fe 超晶胞中,不能够以间隙固溶的形式存在于基体中。共掺杂体系形成焓计算结果显示,Cu、Mg、C 的掺杂不利于 Ce 在 Fe 中的固溶,Cr、Mn、Ni 的掺杂对 Ce 在 Fe 中的固溶影响较小,Si、Al、Ti、V、Co、W、Mo、Nb、P 的掺杂有利于 Ce 在 Fe 中的固溶,且其促进 Ce 固溶的能力按此顺序依次递减,Si 最强,Nb 最弱。Ti、V、Cr、Mn、Co、Ni、Cu、Nb、Mo、W、Si、Al、N、O、S、P、H 与 Ce 之间表现为相互吸引,除 O、S 外,N 与 Ce 之间的相互吸引最强,而 Mg、C、B 与 Ce 之间表现为相互排斥。

(2)计算了掺杂体系的体积模量 B、剪切模量 G、杨氏模量 E、维氏硬度 H_V、泊松比 σ 以及 B/G,结果表明,Ce 的掺杂降低了体系的不可压缩性、抗剪切应变的能力、刚度以及维氏硬度,但提高了体系的韧性以及可加工性。

(3)在 Fe-Ce 掺杂体系中,Ce 原子失去电子,产生极化效应,致使 Ce 原子半径减小,这是 Ce 能够固溶在 Fe 中的根本原因。体系中第三组元 Ti、Si 与 Fe 形成较强的相互作用以及能够有效减轻 Ce 固溶造成的晶格畸变程度间接增强 Fe-Ce 体系整体的稳定性,从而促进 Ce 在

Fe 中的固溶；而 N 对 Ce 较强的吸引力是 N 促进 Ce 在 Fe 中固溶的主
要原因。

（4）Ce 掺杂导致体系金属键强度降低，这是 Fe-Ce 掺杂体系不可
压缩性、刚性和硬度降低的主要原因；另外，Ce 增加了体系中电子云的
密度，这有利于掺杂体系韧性的提高。

第 4 章　Ce 夹杂物对钢力学性能影响的理论分析及试验研究

4.1　引言

钢中最常见的有害夹杂物主要是脱氧产物和脱硫产物,特别是在洁净钢中,它们显著降低钢的强度和韧性,如何调控夹杂物的成分、尺寸和分布将变得尤为重要。稀土元素具有出色的脱氧、脱硫能力,当前不乏稀土元素变性夹杂物的研究报道。然而,研究结果多为描述实验现象或数据,鲜有涉及稀土夹杂物改善钢力学性能的机理分析和讨论,诸如稀土夹杂物是如何影响裂纹的萌生和扩展目前尚不清楚。当前,稀土变性夹杂物的研究工作还是集中在试验研究方面,且多以定性分析为主,缺少定量分析,理论研究成果较少。

本章选用洁净钢(IF 钢)作为研究对象,采用试验研究结合理论模拟计算的研究思路,系统研究稀土 Ce 对 IF 钢夹杂物的演变规律,并探讨 Ce 夹杂物对钢力学性能影响的内在机制。首先,进行 Ce 变性夹杂物的热力学条件分析并利用场发射扫描电子显微镜对夹杂物进行鉴定;其次,采用第一性原理计算方法精确计算 Ce 夹杂物的晶格参数、弹性常数、弹性模量以及热膨胀系数等基本物理参数;最后,依据计算结果,定性并定量分析 Ce 夹杂物的物理性质对钢基体力学性能的影响机理。

4.2　计算方法

　　基于密度泛函理论选用 VASP 软件包计算 Ce 夹杂物的形成焓和力学性能,并利用 Phonopy 软件计算 Ce 夹杂物的热膨胀系数。计算中,价电子与离子间的交互作用选择投影缀加波方法 PAW,电子间的交换关联相互作用采用广义梯度近似 GGA 中的 PBE 泛函形式,平面波截止能为 450 eV,高斯展宽为 0.05 eV,针对 Fe、TiN、Al_2O_3、$CeAlO_3$、Ce_2O_3、Ce_2O_2S 的 k 格网络分别选取 $13 \times 13 \times 13$、$11 \times 11 \times 11$、$7 \times 7 \times 2$、$7 \times 7 \times 7$、$8 \times 8 \times 5$、$8 \times 8 \times 4$,自洽循环能量收敛设为 1.0×10^{-6} eV/atom,力收敛设为 0.02 eV/Å。

4.3　Ce 变性夹杂物的机理分析

4.3.1　试验钢成分分析

　　试验钢化学成分见表 4.1 所列。由表可见,此次试验,Ce 收得率偏低,仅有 17%。添加 Ce 后,钢中的 [O]、[S]、[Al] 含量均有不同程度地降低。在 3# 钢中,[O] 含量由 0.0018% 降至 0.0010%,脱氧率达到 44%;[S] 含量由 0.0050% 降至 0.0030%,脱硫率达到 40%,Ce 表现出很强的脱氧和脱硫特性。另外,在 Ce 含量为 0.0014% 的 2# 钢中,Ce 未表现出显著的脱硫效果,与 1# 钢中的 [S] 含量均为 0.0050%,仅进行了脱氧,[O] 含量由未加 Ce 时的 0.0018% 降低至 0.0011%;在 Ce 含量为 0.0042% 的 3# 钢中,[S] 含量由 0.0050% 降低至 0.0030%,脱硫效果显著,与 2# 钢相比,[O] 含量由 0.0011% 降低至 0.0010%,可以认为此时 3# 钢中 Ce 的脱氧效果有限,Ce 主要用于脱硫。综合分析可得,

Ce 在钢中优先脱氧后脱硫。值得注意的是,添加 Ce 后,钢中 [Al] 含量大幅度降低了,两炉钢均下降了 50%,可见钢中 Ce 与 Al 发生了较强的相互作用或反应。

表 4.1　试验钢化学成分（wt.%）

No.	C	Si	Mn	P	S	O	Alt	N	Ti	Ce^a	Ce^b	Fe
1	0.0049	0.007	0.12	0.007	0.005	0.0018	0.011	0.003	0.051	0	0	Bal.
2	0.0042	0.008	0.11	0.007	0.005	0.0011	0.005	0.004	0.049	0.0014	0.008	Bal.
3	0.0044	0.007	0.12	0.007	0.003	0.0010	0.005	0.003	0.053	0.0042	0.024	Bal.

注：a 为钢中 Ce 总量；b 为加入量。

4.3.2　Ce 夹杂物热力学分析

（1）Ce 夹杂物生成吉布斯自由能

稀土元素的化学活性很强,容易与钢中的 O 和 S 杂质元素发生反应,表 4.2 为在 1873 K 温度下,Ce 在钢中可能发生的化学反应。

见表 4.2 所列,钢中可能生成铈的氧化物（CeO_2、Ce_2O_3）,铈的硫氧化物（Ce_2O_2S）,铈的硫化物（Ce_2S_3、Ce_3S_4、CeS）以及铝酸铈（$CeAlO_3$）。

Ce 与钢中元素反应的一般反应式可用通式表示为

$$[Ce]+\frac{x}{y}[M]=\frac{1}{y}Ce_yM_x(s) \tag{4.1}$$

式中,M 为钢液中的杂质元素；Ce_yM_x 为固相产物；x、y 为计量系数。

表 4.2　Ce 夹杂物吉布斯自由能（J/mol）

No.	化学反应式	$\Delta G^{\ominus}$	ΔG	
			$W_{([Ce])}=0.0014$	$W_{([Ce])}=0.0042$
(1)	$[Ce]+2[O]=CeO_2\ (s)$	$-852\ 720+249.96T$	$\Delta G_1=-57\ 296.233$	$\Delta G_2=-71\ 467.407$
(2)	$[Ce]+3/2[O]=1/2Ce_2O_3\ (s)$	$-714\ 380+179.74T$	$\Delta G_3=-104\ 473.637$	$\Delta G_4=-119\ 469.289$
(3)	$[Ce]+[O]+1/2[S]=1/2Ce_2O_2S\ (s)$	$-675\ 700+165.50T$	$\Delta G_5=-105\ 072.819$	$\Delta G_6=-152\ 648.370$
(4)	$[Ce]+3/2[S]=1/2Ce_2S_3\ (s)$	$-536\ 420+163.86T$	$\Delta G_7=-592.012$	$\Delta G_8=-753.196$
(5)	$[Ce]+4/3[S]=1/3Ce_3S_4\ (s)$	$-497\ 670+146.30T$	$\Delta G_9=-2009.760$	$\Delta G_{10}=-2731.304$
(6)	$[Ce]+[S]=CeS\ (s)$	$-422\ 100+120.38T$	$\Delta G_{11}=-2592.373$	$\Delta G_{12}=-11\ 848.413$
(7)	$[Ce]+3[O]+[Al]=CeAlO_3\ (s)$	$-1366\ 460+364.30T$	$\Delta G_{13}=-166\ 140.791$	$\Delta G_{14}=-178\ 682.031$
(8)	$[Ce]+Al_2O_3\ (s)=CeAlO_3\ (s)+[Al]$	$423\ 900-274.30T$	$\Delta G_{15}=-61\ 342.503$	$\Delta G_{16}=-78\ 792.588$

　　以 1 mol Ce 为标准,由化学等温方程式可计算出钢液在实际条件下含 Ce 夹杂物的生成吉布斯自由能,进而判断反应发生的可能性。

$$\Delta G = \Delta G^{\ominus} + RT \ln J \qquad (4.2)$$

其中,

$$J = \frac{(aCe_y M_x)^{\frac{1}{y}}}{aCe \cdot (a_M)^{\frac{x}{y}}} \qquad (4.3)$$

取质量 1% 溶液为标准态,活度 a_i 为

$$a_i = f_i w[i] \qquad (4.4)$$

$$\lg f_i = \sum_{j=1}^{n} e_i^j w[j] \qquad (4.5)$$

式中, a_i 为组元 i 的活度; f_i 为组元 i 的活度系数; e_i^j 为组元 j 对组元 i 的相互作用系数; $w[i]$ 和 $w[j]$ 分别为组元 i 和 j 的质量分数(%)。

　　表 4.3 为 1873 K 温度下钢液中各元素的相互作用系数。利用表 4.1~表 4.3 数据以及式(4.2)~式(4.5)计算夹杂物的吉布斯自由能,计算结果列于表 4.2。ΔG 为负值,表明反应能够自发进行;且 ΔG 值越负,表明反应自发进行的倾向越大,生成物也越稳定。计算结果表明,当温度为 1873 K 时,[Ce] 在钢液中很容易与 [O]、[S]、[Al] 等反应,在 [O]、[S] 很低的情况下,[Ce] 依然能够与之结合并生成 Ce–O、Ce–S 夹杂物,脱氧、脱硫效果显著。其中,[Ce] 与 [Al] 和 [O] 的反应产物 CeAlO₃ 生成的吉布斯自由能最负,[Ce] 与 [O] 的反应产物生成的吉布斯自由能次之,[Ce] 与 [S] 的反应产物生成吉布斯自由能最大,各反应产物的吉布斯自由能由低到高依次为 $CeAlO_3 < Ce_2O_2S < Ce_2O_3 < CeO_2 < CeS < Ce_3S_4 < Ce_2S_3$。Ce 在钢中依然表现出先脱氧后脱硫的特性,只有在硫含量较高且氧含量较低时,才会生成 Ce 的硫化物,这与上文 4.3.1 节的分析相一致,同时也与刘晓的研究结果相吻合。因此,从热力学条件分析可知,钢中的 Ce 夹杂物可能为 $CeAlO_3$、Ce_2O_2S、Ce_2O_3、CeO_2、Ce_2S_3、Ce_3S_4、CeS 等。

表 4.3　1873 K 下钢液中各元素的相互作用系数 e_i^j

e_i^j	C	Si	Mn	P	S	O	N	Al	Ti	Ce
O	−0.450	−0.0130	−0.021	0.070	−0.133	−0.02	0.057	−3.850	−0.600	−0.570
S	0.110	0.0630	−0.026	0.029	−0.028	−0.27	0.010	0.035	−0.075	−1.910
Al	0.091	0.0056	−0.020		0.030	−6.60	−0.058	0.045	0.0675	−0.430
Ce	0.351			1.770	−8.360	−5.03	−6.560	−2.250	−3.630	−0.003

（2）CeO_2 向 Ce_2O_3 转化的热力学分析

结合化学反应式（4.1）和式（4.2），得

$$CeO_2(s) = 1/2Ce_2O_3 + 1/2[O] \qquad (4.6)$$

当 $w[Ce] = 0.0014\%$ 时，反应式（4.6）的 ΔG 计算如下：

$$\Delta G = \Delta G_3 - \Delta G_1 = -104\,473.637 - (-57\,296.233) = -47\,177.404\ (J/mol)$$

当 $w[Ce] = 0.0042\%$ 时，反应式 4.6 的 ΔG 计算如下：

$$\Delta G = \Delta G_4 - \Delta G_2 = -119\,469.289 - (-71\,467.407) = -48\,001.882\ (J/mol)$$

ΔG 均为负值，即反应式（4.6）在试验钢体系下，能够自发向右进行，即 CeO_2 自发向 Ce_2O_3 转化，因此，可判断在钢中主要存在的脱氧产物为 Ce_2O_3。

（3）Ce_2O_3 向 Ce_2O_2S 转化的热力学分析

结合化学反应式（4.3）和式（4.2），得

$$Ce_2O_3(S) + [S] = Ce_2O_2S(s) + [O] \qquad (4.7)$$

化学反应式（4.7）的 ΔG 计算如下：

当 $w[Ce] = 0.0014\%$ 时，

$$\Delta G = 2 \times (\Delta G_5 - \Delta G_3) = 2 \times [-105\,072.819 - (-104\,473.637)]$$

$$= -1198.364\ (J/mol)$$

当 $w[Ce] = 0.0042\%$ 时，

$$\Delta G = 2 \times (\Delta G_6 - \Delta G_4) = 2 \times [-152\,648.370 - (-119\,469.289)]$$

$$= -66\,358.162\ (J/mol)$$

ΔG 均为负值，故 Ce_2O_3 可自发向 Ce_2O_2S 转化。但在生产实际中，受到外界环境（温度、压力），反应物浓度，化学反应速率，反应时间等因素的共同限制，反应进行的完成度无法达到 100%，故钢中应同时存在

Ce_2O_3 和 Ce_2O_2S 夹杂物。

（4）Ce 质变 Al_2O_3 夹杂的热力学分析

结合化学反应式（4.7）和式（4.8），得

$$Ce+3/2[O]+1/2Al_2O_3(s)=CeAlO_3(s) \qquad （4.8）$$

化学反应式（4.8）的 ΔG 计算如下：

当 $w[Ce]=0.0014\%$ 时，

$$\Delta G=2 \div (\Delta G_{13} - \Delta G_{15})=2 \div (-166\ 140.791 - 61\ 342.503)$$

$$=-113\ 741.647\ (J/mol)$$

当 $w[Ce]=0.0042\%$ 时，

$$\Delta G=2 \div (\Delta G_{14} - \Delta G_{16})=2 \div (-178\ 682.031 - 78\ 792.588)$$

$$=-128\ 737.309\ (J/mol)$$

ΔG 均为负值，显然，化学反应式（4.8）可自发向右进行，即在钢液体系下，Ce 能够有效质变 Al_2O_3 夹杂物，且该反应的 ΔG 值均小于 [Ce] 与 [O] 以及 [Ce] 与 [S] 反应的 ΔG 值，仅从热力学条件分析，Ce 加入钢中后，优先质变 Al_2O_3 夹杂，随后才进行脱氧、脱硫。同时，这也解释了 4.3.1 节成分分析中，Ce 加入后，钢中的 [Al] 含量大幅度降低的原因。

4.3.3　夹杂物定性分析

图 4.1 为 1# 钢中夹杂物 FE-SEM 形貌图及元素面分布图，1# 钢中主要有 Al_2O_3 和 TiN 两类型夹杂物。图 4.1（a）为 Al_2O_3 夹杂物，呈三角形状，长边约 8 μm，短边约 4 μm。图 4.1（b）为 TiN 夹杂物，形状为规则的几何多边形，尺寸在 10μm 左右。钢中除了存在单一 Al_2O_3 和 TiN 夹杂物外，还存在它们组合的复合夹杂物。图 4.1（c）为 Al_2O_3 和 TiN "连生" 形成的复合夹杂物，细小的 TiN 黏附在呈长条状的 Al_2O_3 夹杂物的四周，该类型复合夹杂物长约 10 μm，宽仅有 1 μm 左右。Al_2O_3 和 TiN 复合夹杂物还有第二种形式，如图 4.1（d）所示，呈 TiN 典型的几何多边形形貌，尺寸在 6 μm 左右，由元素面分布图可以看出，中心部位的圆形夹杂物为 Al_2O_3，外壳是 TiN 夹杂物。由于 TiN 不能自发生成，在凝固过程中，TiN 以 Al_2O_3 夹杂物为形核核心、长大并析出，最后形成以 Al_2O_3 为核心的几何规则 TiN 夹杂物。

图 4.2 所示为 3# 钢中夹杂物 FE-SEM 形貌图及元素面分布图。根据元素面分布情况可知,图 4.2(a)(b)(c)(d)分别为 Ce-O、Ce-Al-O、Ce-Al-O-Ti-N 和 Ce-O-S 夹杂物,结合上文的热力学分析结果可推断,图 4.2(a)应为 Ce_2O_3 夹杂物,图 4.2(b)应为 $CeAlO_3$ 夹杂物,图 4.2(d)应为 Ce_2O_2S 夹杂物。这三类 Ce 夹杂物形态相似,呈球形或椭球形,尺寸约为 3 μm。显然,图 4.2(c)呈现的夹杂物与其他三类 Ce 夹杂物不同,结合元素分布及热力学分析结果,内核夹杂物应为 $CeAlO_3$,外圈为 TiN。由此可知,Ce 处理后,IF 钢中依然存在 TiN 夹杂物,Ce 并未对 TiN 夹杂物产生有效的变性作用。

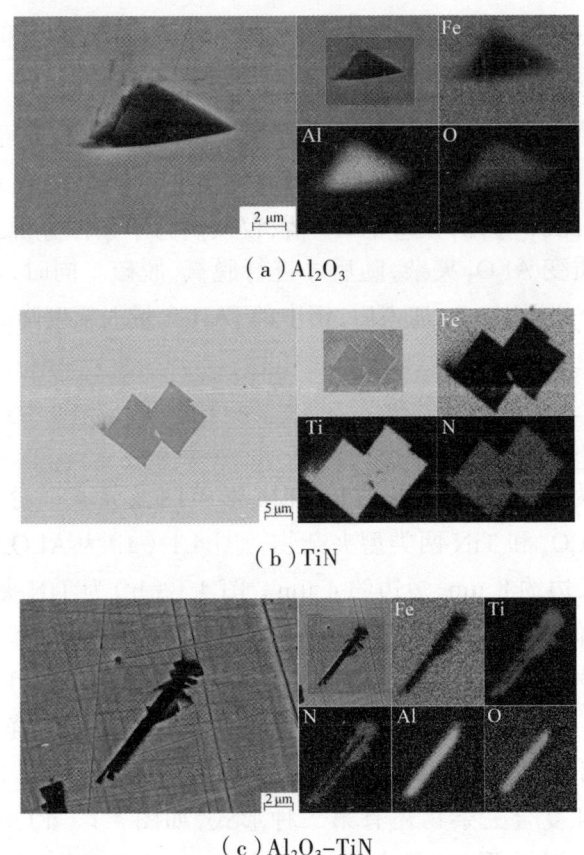

(a)Al_2O_3

(b)TiN

(c)Al_2O_3-TiN

图 4.1   1# 钢夹杂物形貌照片及元素分布图

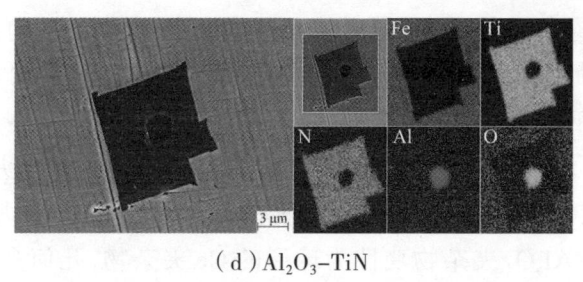

（d）Al_2O_3–TiN

图 4.1　（续）

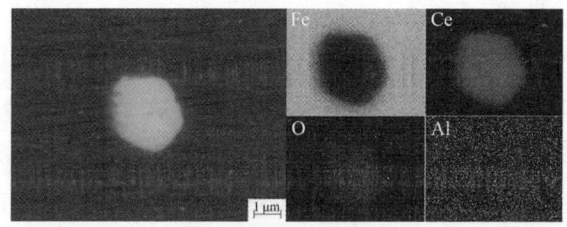

（a）Ce_2O_3

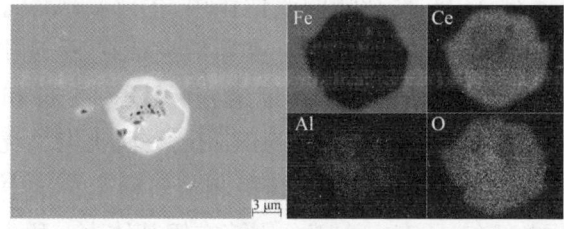

（b）$CeAlO_3$

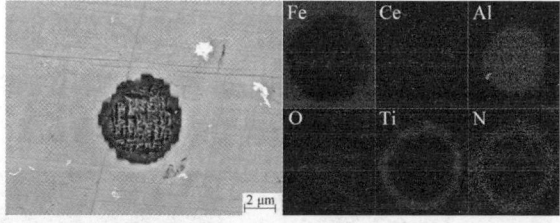

（c）$CeAlO_3$–TiN

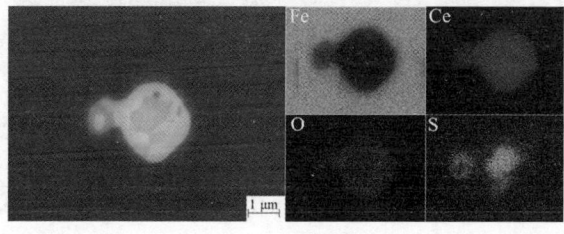

（d）Ce_2O_2S

图 4.2　3# 钢夹杂物形貌照片及元素分布图

　　TiN 夹杂物虽然存在,但形貌发生了巨变,典型的几何多边形形貌不见了,取而代之的是圆环状,其形成机理应与图 4.1（d）的描述相一致,TiN 在钢液凝固过程中以先生成的 $CeAlO_3$ 为核心,在此异质形核核心上长大,最后形成内核为 $CeAlO_3$、外圈为 TiN 的复合夹杂物,其尺寸比 Ce_2O_3、Ce_2O_2S 和 $CeAlO_3$ 夹杂物稍大,约为 5 μm。Ce 加入钢中后,将长条形的 Al_2O_3 夹杂物变性为球形的 Ce 夹杂物,几何多边形的 TiN 变形为圆环状的 TiN,可有效减少夹杂物犄角处的应力集中,有利于提高钢材的力学性能。

　　稀土改性夹杂物通常表现在以下两个方面:一是稀土 RE 与氧硫反应生成的 RE_xO_y、RE_xO_yS 或者 RE_xS_y,该类夹杂物或独立存在钢中或与原有夹杂物以伴生、包裹等形式形成复合夹杂物,例如,3# 钢中的以 $CeAlO_3$ 为异质形核的核心长大并生成的 $CeAlO_3$–TiN 复合夹杂物,改变原有 TiN 夹杂物的形貌和尺寸;二是改变夹杂物的种类,生成新的夹杂物,例如,Ce 对 Al_2O_3 夹杂物的改性作用,生成 $CeAlO_3$,伴随形貌和尺寸的改变。但在 3# 钢中发现了一类新的夹杂物,呈现出典型的 TiN 几何多边形形貌,如图 4.3 所示。但能谱分析显示,在 Ti 和 N 元素分布的区域同时分布有 Ce 元素,暂记为 TiN–Ce,该类夹杂物无论形貌还是尺寸都没有发生明显变化,与原 TiN 极相似。稀土在钢中大部分以稀土夹杂物的形式存在,还有一小部分固溶在钢基体中。稀土是否也会固溶在夹杂物中? 这一科学问题尚未见到相关报道。笔者在此大胆假设,3# 钢中的 TiN–Ce 夹杂物为 Ce 固溶进 TiN 后的现象,是一种特殊的存在形式。为验证这一假设,下文将利用第一性原理计算方法辨别 Ce 是否能够固溶在 TiN 夹杂物中,并分析这类夹杂物对钢力学性能的影响。

图 4.3　3# 钢 TiN–Ce 夹杂物形貌照片及元素分布图

值得注意的是,在进行多次金相观察后,添加 Ce 的试验钢仍未发现 Ce_2S_3、Ce_3S_4、CeS 等硫化夹杂物,这有别于上述热力学分析结果。用热力学计算预测钢中 Ce 夹杂物存在的类型是有局限性的,至少还需考虑动力学因素。因此,在无法开展动力学条件研究的情况下,有必要结合其他理论研究方法来预测钢中的稀土夹杂物。

4.4   夹杂物物理性质的第一性原理分析

4.4.1   晶格常数计算

根据 4.3.3 节夹杂物定性分析结果可知,试验钢中主要的夹杂物为 Al_2O_3、TiN、Ce_2O_3、Ce_2O_2S、$CeAlO_3$,其晶体结构如图 4.4 所示。

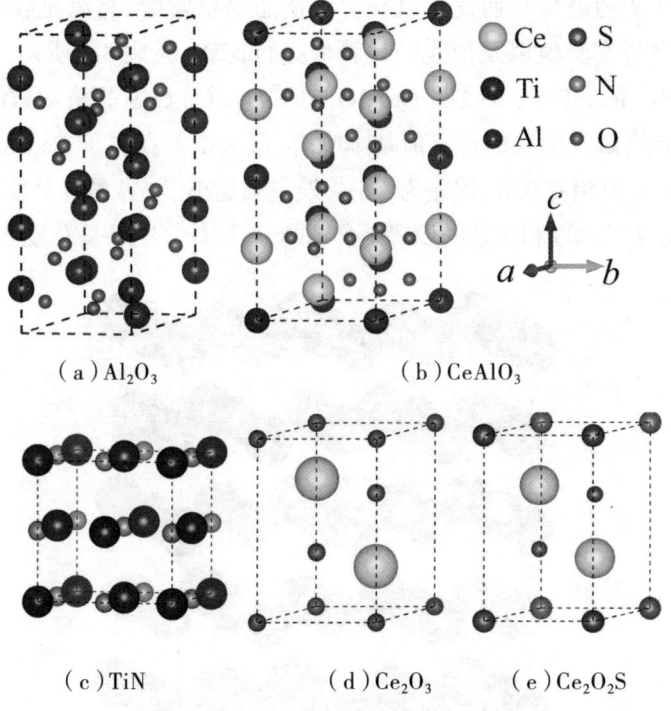

（a）Al_2O_3 （b）$CeAlO_3$

（c）TiN   （d）Ce_2O_3 （e）Ce_2O_2S

图 4.4   夹杂物的晶体结构

Al_2O_3 晶体结构空间群为 R–3c，Al 和 O 的原子的位置分别为（0，0，0.148）和（0.306，0，0.250），晶格参数 $a=b=$4.759 Å，$c=$12.910 Å，$\alpha=\beta=90°$，$\gamma=120°$。TiN 晶体结构空间群为 Fm–3m，Ti 和 N 的原子位置分别为（0，0，0）和（0.5，0.5，0.5），晶格参数 $a=b=c=$4.241 Å，$\alpha=\beta=\gamma=90°$。Ce_2O_3 晶体结构空间群为 P3–M1，Ce、O_1 和 O_2 的原子的位置分别为（0.333，0667，0.245）、（0，0，0）和（0.333，0.667，0.647），晶格参数 $a=b=$3.893 Å，$c=$6.069 Å，$\alpha=\beta=90°$，$\gamma=120°$。$CeAlO_3$ 晶体结构空间群是 R–3c，Ce、Al 和 O 的原子的位置分别为（0，0，0.250）、（0，0，0）和（0.476，0，0.250），晶格参数 $a=b=$5.348 Å，$c=$13.021Å，$\alpha=\beta=90°$，$\gamma=120°$。Ce_2O_2S 晶体结构空间群为 P3–M1，Ce、S 和 O 的原子的位置分别为（0.333，0.667，0.280）、（0，0，0）和（0.333，0.667，0.629），晶格参数 $a=b=$4.004 Å，$c=$6.872 Å，$\alpha=\beta=90°$，$\gamma=120°$。选取 $2\times2\times2$ 的 TiN 超胞为研究对象，在此基础之上，Ce 取代一个 Ti 原子，构建掺杂 Ce 的 TiN–Ce 模型，如图 4.5 所示。

对夹杂物进行几何优化以获得平衡态晶格常数，将满足收敛要求的计算结果与实验值以及他人的计算值进行比较，见表 4.4 所列。从表 4.4 可以看出，Fe、TiN、Al_2O_3、$CeAlO_3$、Ce_2O_3、Ce_2O_2S 晶格常数的计算结果与实验值以及他人的计算值基本吻合，最大误差存在于 Ce_2O_3。本次计算值与实验值相差 0.01，误差为 2.6%，误差满足小于 5% 的计算要求。这表明计算方法的选取和参数的设置是合理的，后续计算结果是有效可靠的。

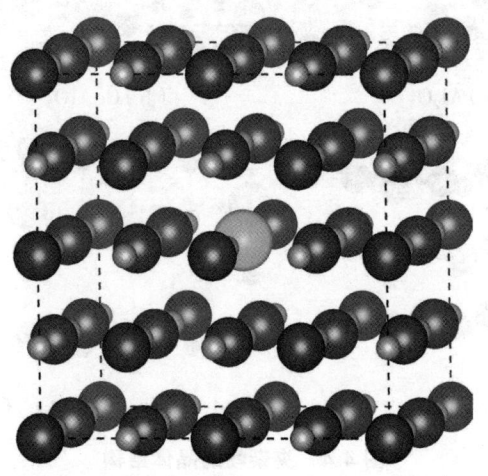

图 4.5　TiN–Ce 晶体结构

表 4.4　Fe、TiN、Al$_2$O$_3$、CeAlO$_3$、Ce$_2$O$_3$、Ce$_2$O$_2$S 的晶格参数 a、b、c

Inclusions	Crystal system	Experimental Synergy	Lattice constants		
			a	b	c
Fe	cubic	Experimental[1]	0.2866	0.2866	0.2866
		Present work	0.2840	0.2840	0.2840
		Other work[2]	0.2836	0.2836	0.2836
TiN	cubic	Experimental[3,4]	0.4241 0.4238	0.4241 0.4238	0.4241 0.4238
		Present work	0.4250	0.4250	0.4250
		Other work[5,6]	0.4251 0.4247	0.4251 0.4247	0.4251 0.4247
Al$_2$O$_3$	Trigonal	Experimental[7]	0.4759	0.4759	1.2910
		Present work	0.4796	0.4796	1.3089
		Other work[8,9]	0.4810	0.4810	1.3143
CeAlO$_3$	Trigonal	Experimental[10]	0.5348	0.5348	1.3021
		Present work	0.5352	0.5352	1.3109
Ce$_2$O$_3$	Trigonal	Experimental[11]	0.3893	0.3893	0.6069
		Present work	0.3793	0.3793	0.6012
Ce$_2$O$_2$S	Trigonal	Experimental[12]	0.4004	0.4004	0.6872
		Present work	0.3931	0.3931	0.6743

4.4.2　形成焓计算

夹杂物形成焓可用下式计算：

$$\Delta_r H_m = \frac{1}{n}\,(E_{tot} - E_{bluk}) \tag{4.9}$$

式中，E_{tot} 为晶胞总能量；E_{bluk} 为组成晶体的原子处于基态时的总能量；n 为晶胞的原子个数。

表 4.5 为上文热力学分析钢中理论存在的夹杂物形成焓的计算结果，由表可见，脱氧产物（Ce$_2$O$_3$-3.8046 eV/atom）的形成焓要小于脱硫产物（Ce$_3$S$_4$-2.0152 eV/atom，Ce$_2$S$_3$-2.0133 eV/atom，CeS-2.0669 eV/atom），可认为，Ce$_2$O$_3$ 较 Ce$_3$S$_4$、Ce$_2$S$_3$、CeS 容易生成且更稳定。这与上文热力学分析结果 Ce 在 IF 试验钢体系下先脱氧后脱硫相一致。同时发现，Ce$_2$O$_2$S 和 CeAlO$_3$ 的形成焓相对较低，分别为 -3.3718 eV/atom 和 -3.6320 eV/atom，在该体系下优先形成且也较稳定。从形成

焓角度来看,试验钢中夹杂物优先形成并稳定存在的顺序应为 $Ce_2O_3>CeAlO_3>Ce_2O_2S>Ce_3S_4$,这与上文热力学分析结果基本一致。

表 4.5　夹杂物形成焓（eV/atom）

Al_2O_3	TiN	TiN-Ce	Ce_2O_3	$CeAlO_3$	Ce_2O_2S	Ce_3S_4	Ce_2S_3	CeS
−3.4751	−1.6536	−1.6000	−3.8046	−3.6320	−3.3718	−2.0152	−2.0133	−2.0669

注：TiN·Ce 的形成焓为负值（−1.6000 eV/atom）,证实了 Ce 能够固溶在 TiN 中的假说。另外,TiN·Ce 的形成焓比 TiN（−1.6536 eV/atom）略大,这说明 Ce 的掺杂降低了 TiN 的稳定性。

图 4.6 为 TiN 和 TiN-Ce 体系的 TDOS 和 PDOS 图。从图 4.6（a）可以看出,在费米能级附近,N p、Ti d 轨道发生了杂化反应,这说明 N 与 Ti 之间产生了较强的相互作用。从图 4.6（b）可以看出,与 TiN 体系相比,TiN-Ce 体系增加的成键峰（−14.0eV–13.0 eV）主要由 N s、Ti d、Ce p 轨道电子杂化贡献的。掺杂 Ce 后,在费米能级附近,Ce p、Ce d、Ce f 与 N s 轨道发生了杂化反应,这说明 Ce、N 之间产生了较强的相互作用。

图 4.7 为 TiN 和 TiN-Ce 体系的差分电荷密度图,标尺中的电荷密度范围为 −0.01~0.03 e/Å³。从图 4.7（a）可以看出,TiN 体系中 Ti 与 N 原子间的电荷密度均匀分布,Ti 失去电子,N 得到电子,表明 Ti 与 N 原子间存在相互作用较强的共价键。从图 4.7（b）可以看出,Ce 的掺杂使得电荷发生了有方向的分布,电荷密度增加,Ce 失去电子、Ti 失去电子、N 得到电子,且 Ce 与 N 之间存在较强的相互作用,Ce 与 Ti 之间的相互作用并不明显,这与态密度的分析结果是一致的。

通过 TDOS 和 PDOS 以及差分电荷密度分析发现,在 TiN-Ce 掺杂体系中,Ce 与 N 形成了较强的相互作用,这是 Ce 能够固溶在 TiN 中的主要原因。

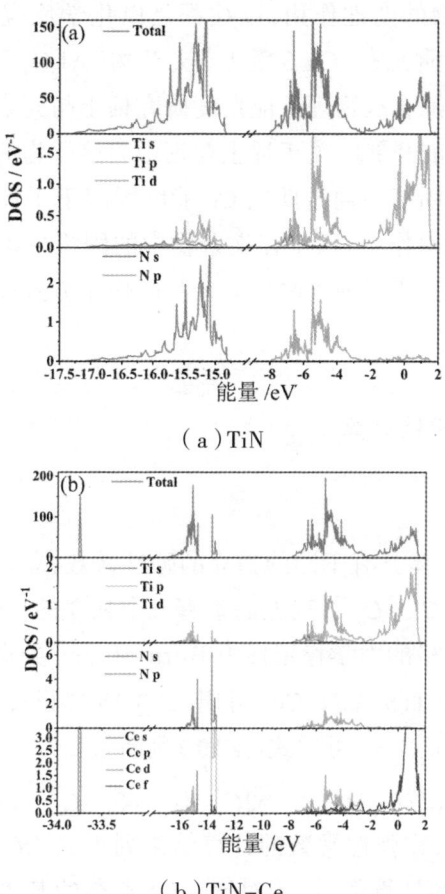

（a）TiN

（b）TiN-Ce

图 4.6　TiN 和 TiN-Ce 体系的 TDOS 和 PDOS 图

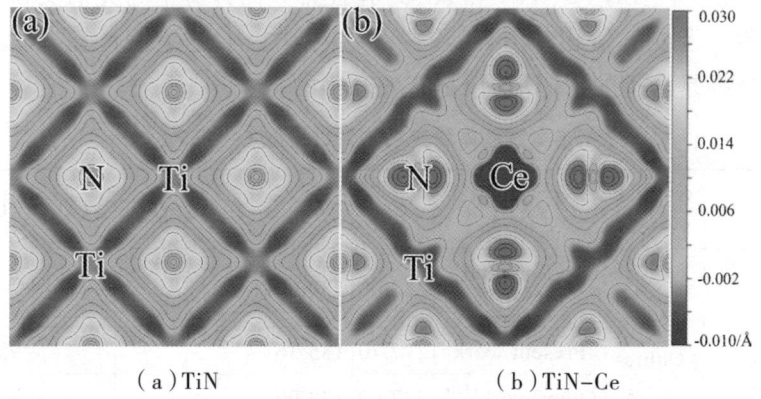

（a）TiN

（b）TiN-Ce

图 4.7　TiN 和 TiN-Ce 体系在（010）面上的电荷密度图及差分电荷密度图

　　稀土对夹杂物的变性作用,以往都是以化学反应为视角展开研究的,诸如稀土与杂质元素(O、S 等)或夹杂物(Al_2O_3 等)发生化学反应生成稀土夹杂物,鲜有从物理反应角度研究稀土与元素或夹杂物中的固溶行为。另外,当前开展的关于稀土在钢中固溶行为的研究也仅关注稀土在 Fe 基体中的固溶。通过此次 Ce 能够固溶于 TiN 夹杂物的研究事实,在今后的研究工作中,稀土在夹杂物中的固溶现象应引起更多的关注并开展系统研究,拓宽稀土改性夹杂物的作用方式以及丰富稀土在钢中的固溶行为。

4.4.3　力学性能计算

（1）弹性常数

　　不同晶系的晶体具有不同的独立的弹性常数,立方晶系有三个独立的弹性常数(C_{11}、C_{12}、C_{44}),三方晶系有五个独立的弹性常数(C_{11}、C_{12}、C_{14}、C_{33}、C_{44})。晶格的力学稳定性由 Born–Huang 判据进行判断。

　　立方晶系(Fe,TiN,TiN–Ce)可用式(3.10)判断,三方晶系(Al_2O_3, $CeAlO_3$, Ce_2O_3, Ce_2O_2S)可用式(4.10)判断。

$$C_{11}>|C_{12}|,\ (C_{11}+C_{12})C_{33}>2C_{33}^2,\ (C_{11}+C_{12})C_{44}-2C_{14}^2>0 \qquad (4.10)$$

　　铁基体和夹杂物弹性常数的计算结果列于表 4.6,同时列出了部分实验值以及他人的计算值,用于对比。Ce 夹杂的基本物理性质在此之前没有人进行过系统的研究,所以缺少相应的数据进行比较。但从表 4.6 可以看出,本书对 Fe、TiN 和 Al_2O_3 弹性常数的计算值与先前文献报道的数值以及实验值相差不大,均在误差范围之内,这表明计算方法及参数的选择是合理的,计算结果是有效准确的。

表 4.6　铁基体和夹杂物弹性常数 C_{ij} (GPa)

Inclusions	Crystal system	Experimental Synergy	C_{11}	C_{12}	C_{13}	C_{14}	C_{33}	C_{44}
Fe	Cubic	Experimental[13,14]	232.00	136.00				117.00
		Present work	277.70	135.36				95.25
		Other work[15,16]	222.00	123.00				82.00
			280.00	151.50				119.80

续表

Inclusions	Crystal system	Experimental Synergy	C_{11}	C_{12}	C_{13}	C_{14}	C_{33}	C_{44}
TiN	Cubic	Experimental[17,18]	631.00 625.00	171.00 165.00				170.00 163.00
		Present work	584.53	155.99				159.82
		Other work[19,20]	598.00 604.00	154.00 136.0				168.00 162.00
Al$_2$O$_3$	Trigonal	Experimental[21,22]	497.00 495.00	163.00 160.00	116.00 115.00	22.00 23.00	501.00 497.00	147.00 146.00
		Present work	467.50	152.37	109.86	20.80	467.20	131.25
		Other work[23,24]	451.50 476.80	148.4 157.60	107.60 119.40	20.20 19.40	454.90 476.60	131.70 145.50
TiN–Ce	Cubic	Present work	568.49	148.76				140.98
CeAlO$_3$	Trigonal	Present work	375.28	112.25	96.46	22.63	391.82	115.42
Ce$_2$O$_3$	Trigonal	Present work	228.55	105.81	97.07	12.32	188.66	78.58
Ce$_2$O$_2$S	Trigonal	Present work	179.33	63.72	71.50	−6.16	178.27	75.76

　　将相应的弹性常数代入式（3.10）和式（4.10），经对比分析可得，这六种夹杂物均满足 Born–Huang 力学稳定性判据，因此，这六种夹杂物满足弹性稳定机制，晶体结构稳定，与形成焓分析结果相一致。

　　根据弹性常数并由 Voigt-Reuss-Hill 近似算法计算出体积模量 B、剪切模量 G，立方晶系（Fe，TiN，TiN–Ce）的体积模量和剪切模量可用式（3.11）～式（3.15）计算，三方晶系（Al$_2$O$_3$，CeAlO$_3$，Ce$_2$O$_3$，Ce$_2$O$_2$S）可由式（4.11）～式（4.14）计算：

$$B_{\text{R}} = \frac{(C_{11}+C_{12})C_{33} - 2C_{13}^{2}}{C_{11}+C_{12}+2C_{33}-4C_{13}} \tag{4.11}$$

$$B_{\text{V}} = \frac{1}{9}[2(C_{11}+C_{12})+C_{33}+4C_{13}] \tag{4.12}$$

$$G_{\text{V}} = \frac{1}{30}(7C_{11}-5C_{12}+12C_{44}+2C_{33}-4C_{13}) \tag{4.13}$$

$$G_{\text{R}} = \frac{5}{2}\left\{ \frac{[(C_{11}+C_{12})C_{33}-2C_{13}^{2}]C_{44}(C_{11}-C_{12})}{3B_{\text{V}}C_{44}(C_{11}-C_{12})+[(C_{11}+C_{12})C_{33}-2C_{13}^{2}](2C_{44}+C_{11}-C_{12})} \right\} \tag{4.14}$$

　　铁基体和夹杂物的弹性模量(B、G、E),泊松比,维氏硬度列于表 4.7。由表 4.7 可看出,本次计算铁基体、TiN 和 Al_2O_3 的 B、G、E、σ 值与实验值以及他人计算值基本吻合,再次证明选取的计算方法和参数设置合理,本次计算结果有效。

　　由表 4.7 可知,TiN、Al_2O_3、$CeAlO_3$、Ce_2O_3 和 Ce_2O_2S 夹杂物的体积模量 B 值分别为 298.83 GPa、238.30 GPa、194.75 GPa、137.59 GPa、105.58 GPa。TiN 夹杂物具有最大的体积模量,因此,相比于其他夹杂物来说,TiN 夹杂物的不可压缩性最大。TiN、Al_2O_3、$CeAlO_3$、Ce_2O_3 和 Ce_2O_2S 夹杂物的剪切模量 G 值分别为 179.75 GPa、150.05 GPa、125.95 GPa、65.14 GPa、62.93 GPa,TiN 夹杂物具有最大的剪切模量。依旧是 TiN 具有最大的杨氏模量,这 5 类夹杂物的 E 值由高到低依次为 TiN>Al_2O_3>$CeAlO_3$>Ce_2O_3>Ce_2O_2S,其变化趋势与体积模量一致。TiN 夹杂物的维氏硬度最大,TiN、Al_2O_3 和 $CeAlO_3$ 夹杂物的维氏硬度远大于铁基体,Ce_2O_3 和 Ce_2O_2S 夹杂物与铁基体的维氏硬度值 H_v 较为接近。

表 4.7　铁基体和夹杂物的体积模量 B,剪切模量 G,杨氏模量 E,泊松比 σ 及维氏硬度 H_v

Inclusions	Experimental Synergy	Moduli（GPa）			B/G	σ	H_v（GPa）
		B	E	G			
Fe	Experimental[25]	173.10	239.00	94.10	1.84	0.27	
	Present work	182.81	220.23	84.75	2.16	0.30	7.93
	Other work[26,27]	156.00	175.76	66.97	2.33	0.31	
		194.00	250.70	97.60	1.98	0.28	
TiN	Experimental[28,29]	292.00	440.00	160.00	1.83	0.27	
	Present work	298.83	449.18	179.75	1.66	0.25	19.16
	Other work[30]	279.00	477.00	197.00	1.42	0.21	
Al_2O_3	Experimental[31]	253.00	404.60	164.00	1.54	0.23	
	Present work	238.30	372.04	150.05	1.59	0.24	18.83
	Other work[32]	223.40	353.60	143.00	1.56	0.24	

续表

Inclusions	Experimental Synergy	Moduli（GPa）			B/G	σ	H_{v}（GPa）
		B	E	G			
TiN–Ce	Present work	288.68	416.64	165.42	1.75	0.26	17.70
CeAlO$_3$	Present work	194.75	310.82	125.95	1.55	0.24	17.33
Ce$_2$O$_3$	Present work	137.59	168.79	65.14	2.11	0.30	6.60
Ce$_2$O$_2$S	Present work	105.58	157.49	62.93	1.68	0.25	9.79

　　铁基体和夹杂物的 B/G 值和 σ 值已列于表 4.7。由表 4.7 可见,铁显然是一种韧性材料,TiN 和 Al$_2$O$_3$ 为脆性夹杂,这与实验认知相一致。Ce$_2$O$_3$ 夹杂($\sigma=0.30$)呈现出韧性特征,Ce$_2$O$_2$S 夹杂($\sigma=0.25$)略显脆性,CeAlO$_3$ 夹杂($\sigma=0.24$)呈明显脆性特征,但总的来说,Ce 夹杂较 TiN 和 Al$_2$O$_3$ 硬脆性夹杂的脆性有所改善。硬脆性夹杂对钢的力学性能起着消极的作用,为减小钢中硬脆性夹杂物的数量,冶炼稀土钢时应适当控制 Al 含量,避免形成大量的 CeAlO$_3$ 夹杂。

　　为探讨 Ce 固溶对夹杂物力学性能的影响,下面详细对比 TiN 和 TiN–Ce 的弹性常数。掺杂 Ce 后,TiN–Ce 的 B、E、G 均有不同程度的下降(B 值由 298.83 GPa 降低为 288.68 GPa, E 值由 449.18 GPa 降低为 416.64 GPa, G 值由 179.75 GPa 降低为 165.42 GPa); B/G、σ 有明显提高(B/G 值由 1.66 提高到 1.75, σ 由 0.25 提高到 0.26);维氏硬度 H_{v} 由 19.16 GPa 降低到 17.70 GPa。这说明 Ce 掺杂后 TiN 的刚性、不可压缩性以及硬度都降低了,但韧性得到了很好的改善。固溶态 Ce 可将硬脆性的 TiN 夹杂物改变为韧性夹杂物,这对提高钢材力学性能起着积极的作用。

4.4.4　热膨胀系数计算

　　物体会随温度的改变而产生胀缩现象,度量固体材料热膨胀程度的物理量有平均线膨胀系数 α 和平均体积膨胀系数 β,其相应定义可描述为单位长度、单位体积的物体。当温度升高 1 ℃时,其长度或体积的相对变化量的计算式如下:

$$\alpha = \frac{1}{L}\frac{\mathrm{d}L}{\mathrm{d}t} \ \text{或} \ \beta = \frac{1}{V}\frac{\mathrm{d}V}{\mathrm{d}t} \qquad (4.15)$$

式中，L、V 分别为试样原始长度（mm）和原始体积（mm^3），通常 $\beta \approx 3\alpha$，实际应用中常使用线膨胀系数。

　　本书采用第一性原理计算了铁基体和夹杂物的线膨胀系数，计算结果如图 4.8 所示。在 0~400 K 以下时，铁基体和夹杂物的热膨胀系数均随温度的升高而迅速增大；在 400~600 K 时，热膨胀系数随温度的升高缓慢增大，增长幅度较小；温度高于 600 K 时，热膨胀系数不再随温度而变化，趋近于常数。仔细对比可发现，Ce_2O_3、$CeAlO_3$ 和 Ce_2O_2S 夹杂物的热膨胀系数在任何温度下都比 TiN 和 Al_2O_3 夹杂物的热膨胀系数大且与铁基体的热膨胀系数也更接近。另外，注意到，Ce_2O_2S 夹杂物与其他 Ce 夹杂物不同，其热膨胀系数比铁基体大很多，温度越高，差异越明显，显著恶化钢材变形的一致性。因此，冶炼稀土钢时应严格控制 S 含量，以减少稀土氧硫化物的数量。

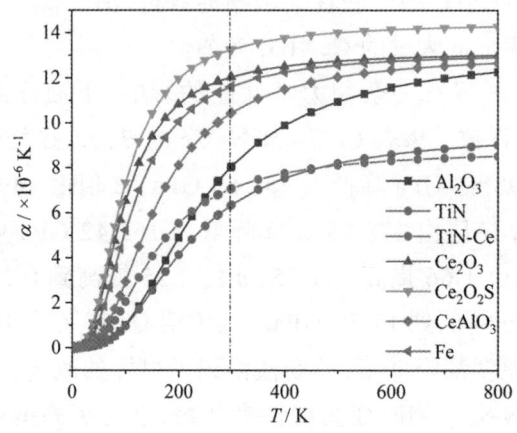

图 4.8　热膨胀系数与温度的关系

　　仔细对比 TiN 和 TiN-Ce 夹杂物的热膨胀系数，发现在室温时（298 K），TiN-Ce 夹杂物的热膨胀系数较 TiN 高，减小了与 Fe 基体的差异，这有利于提高钢材塑性变形的一致性，Ce 在夹杂物中的固溶对钢材性能起着积极的作用。

4.5　夹杂物诱发裂纹萌生的机理分析

图 4.9 为试验钢室温拉伸测试结果。由图 4.9 可见,添加稀土 Ce 后,试验钢抗拉强度(R_m)、屈服强度(R_{eH})、断后伸长率(A)均有不同程度地提高。随着 Ce 含量的增加,抗拉强度、屈服强度、延伸率均有不同程度的提高,其中,延伸率提高的程度最大。以 3# 钢为例,延伸率提高了49.35%。这说明 Ce 的添加对钢材韧性的改善有了显著的效果。

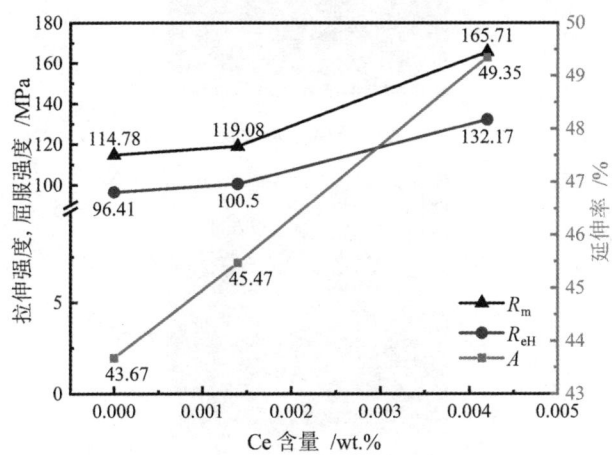

图 4.9　Ce 含量对试验钢力学性能的影响

上述拉伸试验表明,Ce 的加入明显改善了钢的力学性能,这可能是由于组织的改善(如晶粒细化)和夹杂物改性(如改变夹杂物的成分和形貌,减小夹杂物的尺寸和数量等)以及固溶强化或晶界强化作用。本书的重点不是探讨哪个因素是改善力学性能的主要或次要因素,而是着重分析及讨论夹杂物的物理性质对裂纹萌生初期夹杂物诱发微裂纹的影响机理。

在外应力作用下,当应力达到并超过材料的断裂强度时,金属将会发生断裂,断裂是裂纹萌生和扩展的必然结果。夹杂物周围的微孔洞和微裂纹常作为材料内部的缺陷和薄弱环节,会诱发裂纹的萌生和扩展。当夹杂物与铁基体的结合力较小时,夹杂物周围容易形成孔洞,图 4.10 为外力作用下夹杂物与铁基体界面处微孔洞萌生及微裂纹扩展示意图。由于夹杂物与铁基体具有不同的塑性变形能力,在应力作用下,夹杂物与铁基体结合力较弱处或者由于应力集中在夹杂物犄角处开始产生微孔洞 [图 4.10（b）]; 应力持续作用,微孔洞持续扩展,微裂纹萌生 [图 4.10（c）]; 微孔洞和微裂纹在应力作用下向四周扩展、聚集、合并、长大 [图 4.10（d）]。

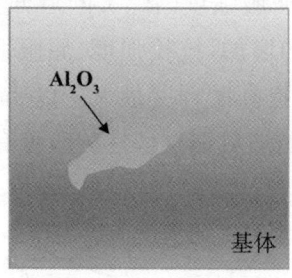

（a）Al$_2$O$_3$ 夹杂物

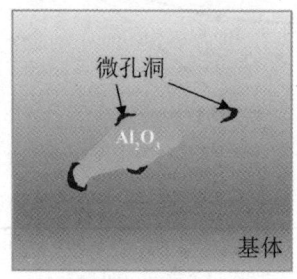

（b）夹杂物犄角处开始产生微孔洞

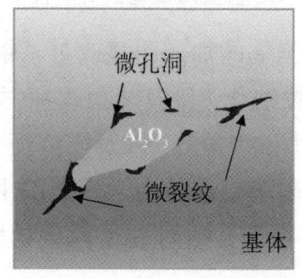

（c）微孔洞扩展,诱发微裂纹

图 4.10　外力作用下夹杂物与铁基体界面处微孔洞萌生及微裂纹扩展示意图

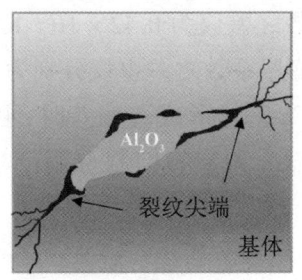

（d）裂纹扩展、聚集、合并、长大

图 4.10　（续）

由表 4.7 可知，TiN 和 Al_2O_3 夹杂物的 B、G、E、H_v 值远大于铁基体，而 B/G、σ 值又小于铁基体，以 G 值为例，TiN 夹杂物与铁基体的值差为 95.00 GPa，Al_2O_3 夹杂物与铁基体的值差为 65.30 GPa，TiN 和 Al_2O_3 夹杂物以硬脆相颗粒的形式存在于铁基体中，在塑性变形中，它们的犄角处更容易成为应力集中点，易发生微孔洞和微裂纹，恶化钢的力学性能。加入 Ce 后，钢中夹杂物由 TiN 和 Al_2O_3 转变为 Ce_2O_3、Ce_2O_2S、$CeAlO_3$（TiN 被 Ce 夹杂物包裹，故不考虑单独存在的 TiN 夹杂物）。从表 4.7 的数据可以看出，Ce_2O_3 和 Ce_2O_2S 夹杂物的 B、E、G 值略小于铁基体，$CeAlO_3$ 夹杂物的 B、E、G 值略大于铁基体。还是以 G 值为例，Ce_2O_3、Ce_2O_2S 和 $CeAlO_3$ 夹杂物与铁基体的差值分别为 19.61 GPa、21.82 GPa 和 41.20 GPa。显然，Ce 夹杂物与铁基体的剪切模量差值小于 TiN 和 Al_2O_3 夹杂物与铁基体之间的差值。图 4.11 为夹杂物与铁基体弹性模量和维氏硬度的绝对差值对比图，显然，Ce 夹杂物较 TiN 和 Al_2O_3 夹杂物在与铁基体力学性能方面的差异显著减小，较小的差异有利于提高钢基体的一致性，对延缓微孔洞的产生有积极作用，有利于钢材力学性能的提升。当夹杂物与铁基体的热膨胀系数相差较大时，会破坏钢内部应力的传递，致使夹杂物周围应力集中，导致微孔洞的产生。从图 4.8 可以看出，夹杂物的热膨胀系数与铁基体的热膨胀系数有明显的不同。以室温（298 K）时的热膨胀系数为例，铁基体 TiN、Al_2O_3、$CeAlO_3$、Ce_2O_3、Ce_2O_2S 夹杂物的热膨胀系数分别为 11.61×10^{-6}、6.32×10^{-6}、8.02×10^{-6}、10.41×10^{-6}、12.03×10^{-6}、13.24×10^{-6} K^{-1}。TiN 夹杂物与铁基体的热膨胀系数之差为 -5.29×10^{-6} K^{-1}，Al_2O_3 夹杂物与 Fe 基体的热膨胀系数之差为 -3.59×10^{-6} K^{-1}；相比之下，Ce_2O_3 夹杂物与 Fe 基体的热膨胀系数之差仅为 0.42×10^{-6} K^{-1}，$CeAlO_3$ 以及 Ce_2O_2S 夹杂物与 Fe 基体的热膨胀系数之差也仅分别为 -1.2×10^{-6} K^{-1} 和 1.63×10^{-6} K^{-1}。当夹杂物与 Fe 基体形成负偏差时，更容易形成孔洞，进而促进裂纹的萌生。显然，Ce 夹杂物抑制空洞产生的效果要优于 TiN 和 Al_2O_3 夹杂物。

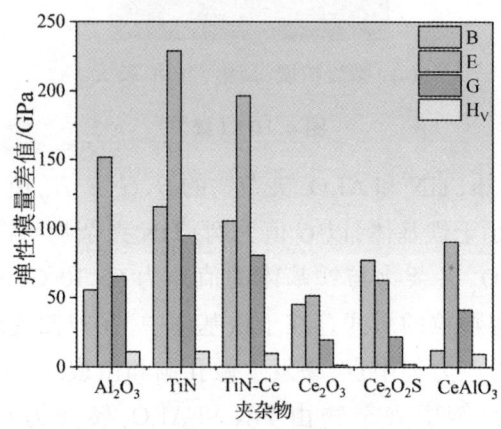

图 4.11　夹杂物与铁基体弹性模量及维氏硬度的绝对差值

图 4.12 为 Al_2O_3、TiN、$CeAlO_3$、Ce_2O_2S 夹杂物区域的 EBSD 图，其中，图 4.12（a）、（c）、（e）分别为 Al_2O_3+TiN、$CeAlO_3$–TiN、Ce_2O_2S 夹杂物的 FE–SEM 照片，图 4.12（b）、（d）、（f）分别为对应夹杂物附近区域的 KAM（kernel average misorientation）图。KAM 图可以表征几何位错密度，从而判断试样在变形过程中应力分布的状态数值越高，对应区域的位错密度越大，塑性变形也就越大。在 KAM 图中，颜色的深浅反映残余应力的大小。从图 4.12（b）中可以看到，Al_2O_3 和 TiN 夹杂物周围呈现出的区域（分别对应图中圆形和方形标识区），说明 Al_2O_3 和 TiN 夹杂物周围存有较大的残余应力。图 4.12（d）为 $CeAlO_3$ 与 TiN 连生的复合夹杂物（上半部分为 $CeAlO_3$，下部为 TiN）的 KAM 图，仅在下半部分有零星的区域，即 TiN 夹杂物附近有较大的残余应力而 $CeAlO_3$ 夹杂物周围没有残余应力。从图 4.12（f）可以看到，Ce_2O_2S 夹杂物周围的残余应力较小。综合图 4.12（b）、（d）、（f）可得，Al_2O_3、TiN 夹杂物周围的残余应力较大，而 $CeAlO_3$、Ce_2O_2S 夹杂物周围的残余应力较小。这也验证了 Ce 质变后的夹杂物有助于提高钢基体塑性变形的一致性。

　　总体而言，Ce 夹杂物与铁基体在不可压缩性、刚性、硬度、韧脆性和热膨胀方面的差异较小，改善了钢基体塑性变形的一致性。当外加应力作用于基体时，Ce 夹杂有效地缓解了 Al_2O_3 和 TiN 夹杂物引起的应力集中程度，从而延缓了微孔洞的形成，有助于钢材力学性能的提高。

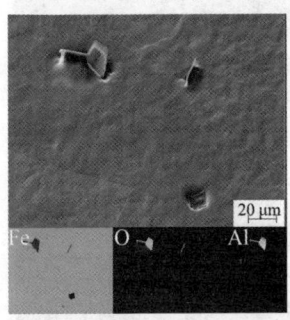

（a）Al_2O_3+TiN 夹杂物的 FE–SEM 形貌图及元素分布图

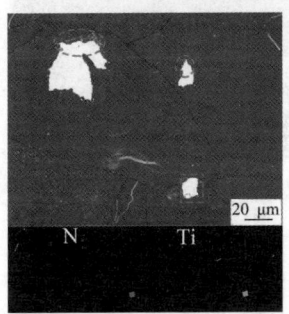

（b）Al_2O_3+TiN 夹杂物附近区域 KAM

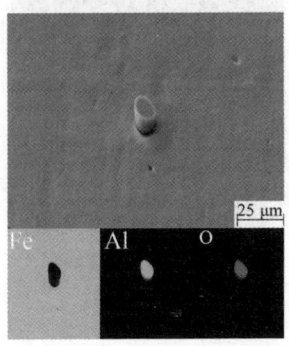

（c）$CeAlO_3$–TiN 夹杂物的 FE–SEM 形貌图及元素分布图

图 4.12　夹杂物区域 EBSD 图

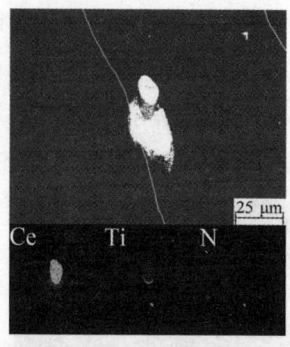

（d）CeAlO₃–TiN 夹杂物附近区域 KAM

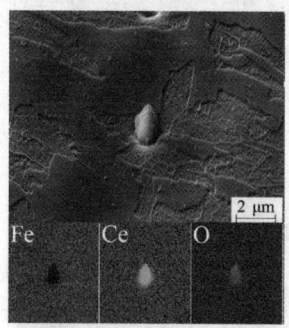

（e）Ce₂O₂S 夹杂物的 FE–SEM 形貌图及元素分布图

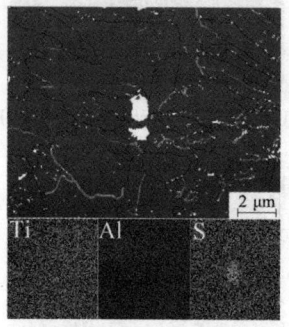

（f）Ce₂O₂S 夹杂物附近区域 KAM

图 4.12 （续）

4.6　小结

（1）热力学计算表明，Ce 表现出较强的脱氧、脱硫特性，并表现出优先脱氧后脱硫的特点。Ce 处理后，夹杂物由 Al_2O_3 和 TiN 转变为 Ce_2O_3、Ce_2O_2S、$CeAlO_3$、$CeAlO_3$–TiN 复合夹杂物，夹杂物尺寸小于 5 μm。形成焓计算结果表明，钢中优先并稳定存在的夹杂物为 Ce_2O_3、$CeAlO_3$、Ce_2O_2S 夹杂，与热力学分析结果相一致。

（2）夹杂物形貌观测、能谱分析及形成焓计算结果表明，Ce 能够固溶于 TiN 夹杂物中，固溶 Ce 并未改变原 TiN 夹杂物的形貌及尺寸，但降低了 TiN 夹杂物的刚性、不可压缩性以及硬度，同时改善了夹杂物的韧性，减少了与 Fe 基体的热膨胀系数的差距。

（3）力学性能计算结果表明，TiN、Al_2O_3 和 $CeAlO_3$ 夹杂物的 B、E、G 和 H_v 值较大，呈现出较大的刚性和硬度；根据 B/G 和 σ 值，TiN、Al_2O_3 和 $CeAlO_3$ 夹杂物呈脆性特征，而 Ce_2O_3 和 Ce_2O_2S 夹杂物为韧性特征。在冶炼稀土钢时，应适当控制 Al 含量，以降低 $CeAlO_3$ 硬脆相颗粒对钢基体力学性能的影响。

（4）热膨胀系数计算结果表明，与 Al_2O_3 和 TiN 相比，Ce_2O_3、$CeAlO_3$ 夹杂的热膨胀系数与铁基体接近，有利于提高钢材的高温力学性能。而 Ce_2O_2S 夹杂物的热膨胀系数比铁基体大，高温区更明显，因此，在冶炼稀土钢时，应适当控制 S 含量，以降低 Ce_2O_2S 夹杂物的数量。

（5）Ce 夹杂物与铁基体在不可压缩性、刚性、硬度、韧脆性及热膨胀性等方面的差异较小，提高了钢基体塑性变形的一致性，有利于延缓微孔洞微裂纹的萌生，有助于钢材力学性能的提高。

第5章 Ce 对钢电化学腐蚀影响的第一性原理分析

5.1 引言

当前稀土提高钢材耐蚀性的研究多从稀土夹杂物展开,由于现有实验检测手段难以实现稀土在钢中固溶行为特征的精确表征,钢中固溶态稀土对钢耐蚀性的影响鲜见系统的研究报道。另外,目前针对腐蚀问题的研究主要停留在实验测试上,现有实验手段仅能够对腐蚀发展以后的过程进行检测,且测量结果过于"平均化"和"粗犷",对阐明腐蚀初期侵蚀离子的吸附、迁移等微观电化学过程几乎没有意义。

鉴于以上两点,本章利用第一性原理方法构建 Fe–Ce 体系表面模型及电化学腐蚀过程中的阴阳极反应模型,探讨 Ce 在钢中的微观腐蚀行为,系统分析 Ce 对 O、Cl 等腐蚀介质在 Fe 表面的吸附及竞争吸附等微观行为以及对阳极溶解反应和阴极吸氧反应影响的内在机制。

5.2 计算方法

本部分所用计算方法及参数与第 3 章基本相同,在此不赘述,详见

3.2 节。需指出,在构建表面模型的过程中,Fe 表面采用平板模型(其中,底部两层原子是完全固定的)对金属表面进行模拟,在真空中选用 2 nm 的平板来避免相邻原子层之间产生相互作用,布里渊区的积分计算使用 9×9×1 的 MP-k 型的 k 网格。

5.3　Fe-Ce 表面性质分析

5.3.1　α-Fe 表面性质

表面能计算公式(5.1)为

$$E_{\text{surf}} = \frac{(E_{\text{slab}}^{\text{relaxed}} - NE_{\text{bulk}})}{A} - E_{\text{surf}}^{\text{unrelaxed}} \tag{5.1}$$

$$E_{\text{surf}}^{\text{unrelaxed}} = (E_{\text{surf}}^{\text{unrelaxed}} - NE_{\text{bulk}})/2A \tag{5.2}$$

式中, $E_{\text{slab}}^{\text{relaxed}}$ 为 α-Fe 层状平板结构驰豫后的总能量,即从刚刚切好的表面优化到稳定表面所释放的能量, $E_{\text{surf}}^{\text{unrelaxed}}$ 为 bcc-Fe 层状平板结构非驰豫的总能量,指刚刚切出来的 slab 能量, A 为 Fe 的表面面积。

表 5.1 显示了 Fe(100)和 Fe(110)的表面性质,由表可见,Fe(100)和 Fe(110)的表面层间距均有一定程度的松弛,无须重构。对于 Fe(100)表面,第一层层间距收缩,第二和第三层层间距扩大。对于 Fe(110)表面,第一层和第三层层间距收缩,第二层层间距扩大。层间距驰豫后的结果与其他理论研究和通过低能量电子衍射(LEED)及中等能量离子散射(MEIS)的试验结果相一致。本次的计算结果与文献报道的值基本一致,证明所使用的计算方法是合理有效的,掺杂 Ce 的 Fe 表面性质的计算结果是有效可靠的。

表 5.1 α–Fe（100）和 Fe（110）层间距驰豫率（$\Delta i, i+1$）和表面能（E_{surf}）

Surface	Unit cell	E_{surf}(J/m^2)	$\triangle_{12}$ (%)	$\triangle_{23}$ (%)	$\triangle_{34}$ (%)	Ref.
100	2×2	2.49	−2.59	+2.72	+0.18	Present work
	2×2	2.57	−0.76	+3.62	+1.69	
	1×1	2.47	−3.60	+2.30	+0.40	
	1×1	2.25	−3.09	+2.83	+1.93	
	1×1	2.29	−1.89	+2.59	+0.21	
	2×2	—	−3.50	+2.30	—	
	Exp.	2.41[6]	−5 ± 2.0[7]	−5 ± 2.0[8]	—	Exp.
110	2×2	2.46	−0.33	+0.62	−0.42	Present work
	2×2	2.53	−0.18	+0.49	−0.63	
	1×1	2.43	−0.36	+0.46	−0.26	
	1×1	—	−0.08	+0.4	−0.25	
	1×1	2.37	−0.1	+0.3	−0.5	
	Exp.	2.41	−0.5 ± 2.0	−0.5 ± 2.0	—	Exp.

5.3.2 Ce 在 Fe 表面优先占位

由第 3 章可知，Ce 优先取代超胞中的 Fe，即 S 位点，在超胞中的间隙位置不能够稳定占位，因此，在后续掺杂 Ce 的 Fe 表面性质计算中，只需考虑 Ce 取代 S 位点的情况。本节构建了 Fe（100）和 Fe（110）2×2 的表面模型，原子层数分别为 11 层和 7 层，模型简记为 Fe（100）-（2×2）-L11 和 Fe（110）-（2×2）-L7。在表面上添加 2 nm 的真空层，以防止上下表面的相互作用。为揭示 Ce 在 Fe 表面的占位，分别用 Ce 原子取代 Fe 表面模型中的表面、次表面和体相中的一个 Fe 原子，三种掺杂模型简记为 Fe-Ce^{surf}、Fe-Ce^{sub}、Fe-Ce^{bulk}。在所有的模型结构优化过程中，体系中固定最后两层原子，其他原子都自由驰豫。掺杂模型如图 5.1 和图 5.2 所示，图 5.1 为 Ce 原子取代一个 Fe 原子占位 Fe（100）表面、次表面和体相的三个掺杂模型，图 5.2 为 Ce 原子占位 Fe（110）表面、次表面和体相的三个掺杂模型。

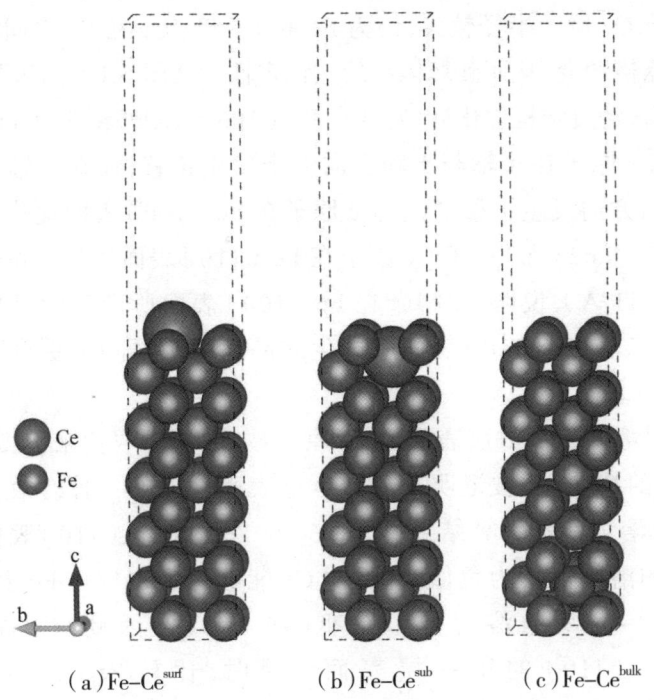

（a）Fe–Ce^{surf}　　　（b）Fe–Ce^{sub}　　　（c）Fe–Ce^{bulk}

图 5.1　Ce 掺杂在 Fe（100）表面的结构模型

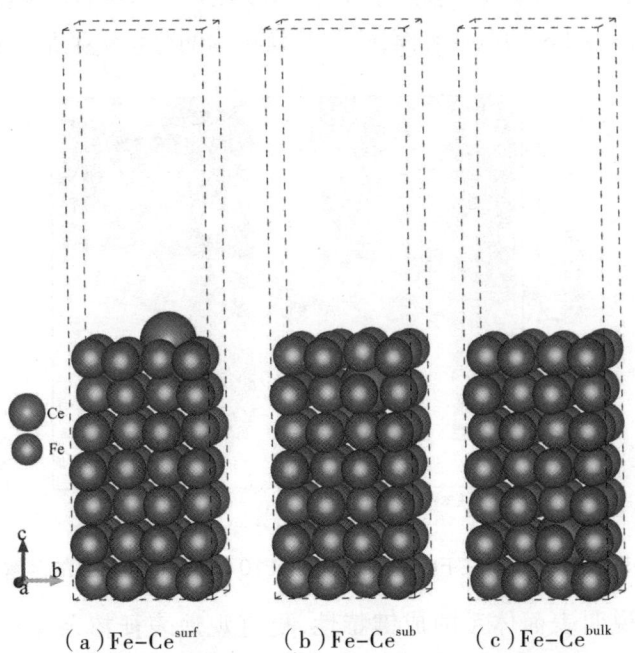

（a）Fe–Ce^{surf}　　　（b）Fe–Ce^{sub}　　　（c）Fe–Ce^{bulk}

图 5.2　Ce 掺杂在 Fe（110）表面的结构模型

由于 Ce 原子半径较大,约为 Fe 的 1.5 倍,Ce 在 Fe 中固溶会引起明显的晶格畸变,从而破坏体系的热稳定性。从图 5.1(a)和图 5.2(a)可以看出,经过结构优化后,发现在 Fe(100)–Ce^{surf} 和 Fe(110)–Ce^{surf} 体系中 Ce 原子在 X 轴与 Y 轴方向上未发生位移,而在 Z 轴方向沿脱离表面的方向发生了移动,且 Ce 原子在 Fe(100)表面优化后位置移动的距离(0.628 Å)小于 Ce 原子在 Fe(110)表面优化后位置移动的距离(0.711 Å),说明 Ce 掺杂在 Fe(100)表面所产生的晶格畸变小于 Ce 掺杂在 Fe(110)表面所产生的晶格畸变,即 Ce 更容易占据在 Fe(100)表面。

采用第一表层或次表层的 Fe 原子被 Ce 原子取代来模拟 Ce 原子在 Fe 中的掺杂,已被证明是研究合金表面性能的一种有效方法。通过图 5.3 溶解能的计算结果可知,Ce 在 Fe(100)、(110)表面模型不同位置的溶解能均为负值,这说明 Ce 能够稳定占位在 Fe 表面上,且 Fe(100)–Ce^{surf} 的溶解能值最低(–6.18 eV),因此,Ce 优先占据 Fe(100)、(110)的第一层表面。同时,比较 Fe(100)–Ce^{surf} 和 Fe(110)–Ce^{surf} 的溶解能发现,Fe(100)–Ce^{surf} 的溶解能小于 Fe(110)–Ce^{surf} 的溶解能,这说明 Fe(100)–Ce^{surf} 体系的稳定性更强,Ce 更容易固溶在 Fe(100)表面,这与几何结构的分析结果是一致的。

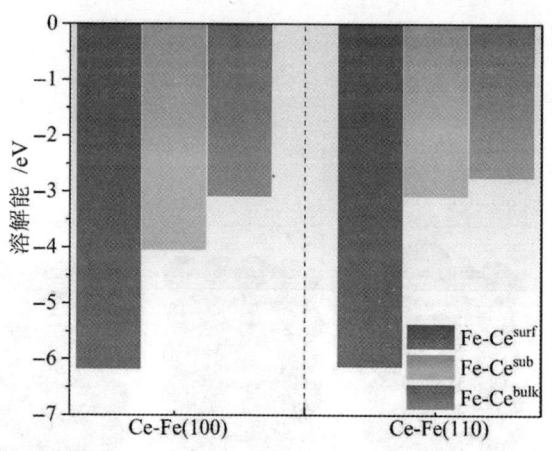

图 5.3　Ce 掺杂在 Fe(100)、Fe(110)表面不同位置的溶解能

为了说明表面体系的成键特性,更直观地表征掺杂体系 Fe 与 Ce 之间的相互作用,选取 Fe(100)–Ce^{surf} 掺杂体系,并计算其差分电荷密度,如图 5.4 所示。对于纯 Fe 体系,Fe 原子间的电荷密度均匀分布,表明 Fe 原子间的相互作用是金属键。在 Fe（100）–Ce^{surf} 掺杂体系中,大量的电子云分布在 Fe 原子和 Ce 原子之间,Ce 失去电子,且周围邻近的 Fe 得到电子,Ce 与最邻近的 Fe 之间形成了较强的相互作用。

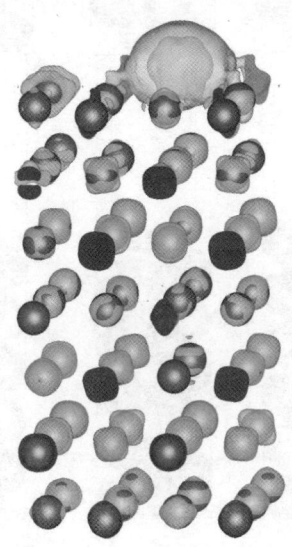

图 5.4　Fe（100）–Ce^{surf} 表面结构差分电荷密度

5.4　Ce 对 Fe（100）表面 O 和 Cl 吸附的影响

5.4.1　O 和 Cl 在 Fe 表面及 Ce 掺杂 Fe 表面的吸附行为

通过上一节可知,Ce 可以固溶在 Fe 表面和次表面上。在此基础之上,构建了单个 O 或 Cl 原子在 Fe（100）、Fe（100）–Ce^{surf} 和 Fe（100）–Ce^{sub} 三种表面吸附构型,根据表面不同的原子排布,考虑了三种吸附位点,分别为顶位（T）,桥位（B）和 "四配位" 位（H）,如图 5.5 所示。吸附原子 O、Cl 在三种吸附构型中的不同吸附位点的吸附能为

$$E_{ad} = E(M_{slab}A) - E(M_{slab}) - E(A) \tag{5.3}$$

式中,$E(M_{slab})$ 表示 Fe 平板结构中有无稀土原子 Ce 的能量,$E(M_{slab}A)$

为表面结构吸附 A 以后的总能量，$E(A)$ 表示 A 孤立原子的能量，A 元素指代 O 或者 Cl。

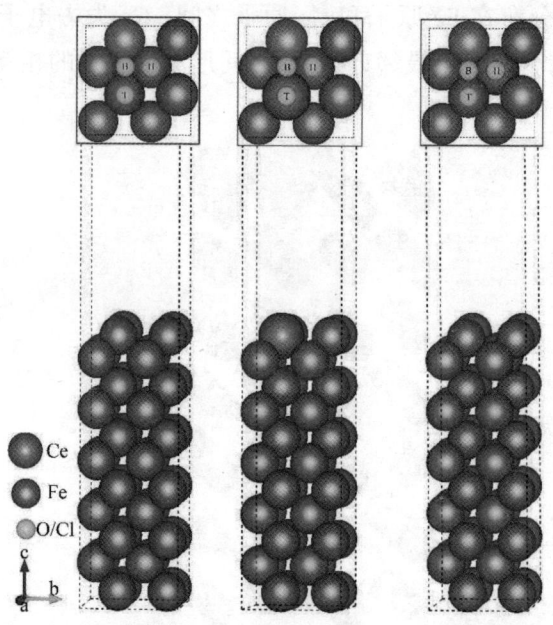

（a）Fe（100） （b）Fe（100）–Ce^{surf} （c）Fe（100）–Ce^{sub}

**图 5.5　O 或 Cl 原子在三种表面的吸附构型，T 代表顶位，B 代表桥位，
H 代表"四配位"位点**

对于同一体系，吸附原子到表面的距离与吸附能成反比例关系，吸附原子与表面的距离越短，表面对吸附原子的吸附能力越强。吸附能越小，吸附能力越强。表 5.2 为吸附能的计算结果，对于 Fe（100）表面，O 原子优先吸附在 Fe（100）表面的 H 位点，Cl 原子优先吸附在 Fe（100）表面的 B 位。与其他不同吸附位点的吸附结构相比，H 位点的 O 原子与表层 Fe 的距离最短（0.59 Å），此时吸附能为 –8.24 eV/atom，B 位点的 Cl 原子与表层 Fe 的距离最短（1.90 Å），此时吸附能为 –4.23 eV/atom。

为了比较不同位置 Ce 对吸附原子的影响，分析了 O 原子在 Fe（100）–Ce^{surf} 和 Fe（100）–Ce^{sub} 表面不同位置的吸附情况。对于 Fe（100）–Ce^{surf} 表面，O 原子依然倾向吸附在 H 位点，Ce 的掺杂并没有改变 O 原子的吸附位点，此时 Fe（100）–Ce^{surf} 表面的 O 原子具有较低的吸附能（–8.76 eV/atom），Fe（100）–Ce^{surf} 表面吸附 O 原子的能力增强。对于 Fe（100）-Ce^{sub} 表面，O 原子的最优吸附位点发生了变化，B 位点成为最优吸附位点。这说明次表面的 Ce 对 O 原子的吸附产生了干扰，此时的吸附能为 –8.06 eV/atom，与 Fe（100）表面相比，Fe（100）-Ce^{sub} 表面吸附 O 原子的能力减弱，这表明次表面 Ce 的掺杂抑制了 Fe 表面对 O 原子的吸附能。

表 5.2　Fe（100）、Fe（100）-Ce^{surf} 和 Fe（100）Ce^{sub} 吸附 O 或 Cl 的平衡距离 h_{N-S} 和吸附能 E_{ad}

Surface	Adatom	Initial Site	E_{ad}（eV/atom）	h_{N-S}（Å）	Final Site
Fe（100）		H	–8.24	0.59	H
		B	–7.62	1.25	B
		T	–6.82	1.60	T
Fe（100）-Ce^{surf}	O	H	–8.76	0.74	H
		B	–8.03	1.44	B
		T	–7.93	1.81	T
Fe（100）-Ce^{sub}		H	–7.80	0.57	H
		B	–8.06	0.79	B
		T	–6.74	1.64	T
Fe（100）		H	–4.15	3.21	H
		B	–4.23	1.90	B
		T	–3.94	2.18	T
Fe（100）-Ce^{surf}	Cl	H	–4.44	1.47	H
		B	–4.77	1.46	T$_{Fe}$
		T	–4.21	2.54	T
Fe（100）-Ce^{sub}		H	–4.13	1.67	H
		B	–4.39	1.72	B
		T	–4.26	1.76	H

以下为 Cl 原子在 Fe（100）-Ce^{surf} 和 Fe（100）-Ce^{sub} 表面不同位置的吸附情况。对于 Fe（100）-Ce^{surf} 表面，Cl 的吸附位点由原来的 B 位点变为 T$_{Fe}$ 位点（Cl 吸附在 Fe 原子的 T 位），此时 Cl 原子的吸附能（–4.77 eV/atom）增强；值得注意的是，Cl 的最优吸附位点为 Fe 的 T 位点，而非在 Ce 的 T 位点。这说明 Ce 的掺杂影响了 Cl 的吸附，吸附

Cl 原子能力稍稍增强,但 Ce 与 Cl 的相互作用却弱于 Fe 与 Cl 的相互作用,因此,Cl 的最优吸附位点为 Fe 的 T 位点。对于 Fe（100）-Ce^{sub}表面,Cl 原子依然倾向吸附在 B 位点,次表层的 Ce 并没有改变 Cl 原子的吸附位点,此时吸附能为 -4.39 eV/atom,这说明次表层的 Ce 增强了 Cl 的吸附。

由图 5.6 所示吸附能的结果发现,Fe（100）、Fe（100）-Ce^{surf} 和 Fe（100）-Ce^{sub} 三种表面吸附 O 原子的能力要比 Cl 原子强。同时,Fe（100）-Ce^{surf} 表面对 O 和 Cl 原子的吸附能力比 Fe（100）、Fe（100）-Ce^{sub} 表面的吸附能力强,这源于第一表层 Ce 与吸附原子 O、Cl 之间较强的相互作用。

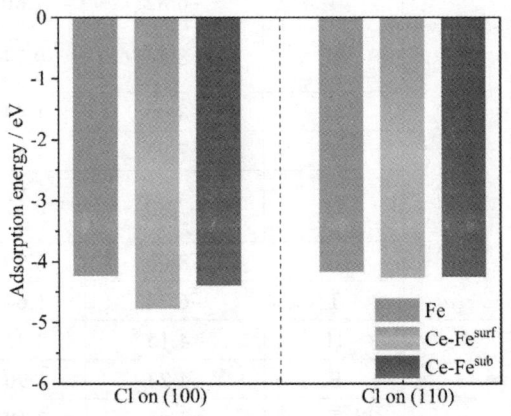

图 5.6　O, Cl 原子吸附在 Fe（100）、Fe（100）-Ce^{surf} 和 Fe（100）-Ce^{sub} 表面的吸附能

5.4.2　Ce 对单层 O 原子膜的作用机理

由成相膜和吸附膜理论可知,当第一层 O 原子膜在金属表面形成后,金属的溶解速度开始明显下降,可见 O 原子膜显著阻滞了金属的溶解,因此本节构建了单层氧化膜吸附模型,研究 Ce 对单层 O 原子膜的影响。

首先,将 Fe（100）表面扩大为(4×4)超晶胞,记为 Fe（100）-(4×4)-L4 表面。在此基础上,将 Ce 原子取代 Fe（100）第一表层的 Fe 原子,构建 Fe（100）-Ce^{surf}-(4×4)-L4 表面模型。将 Ce 原子取代 Fe（100）次表层的 Fe 原子,构建 Fe（100）-Ce^{sub}-(4×4)-

L4 表面模型。在 Fe（100）–（4×4）–L4、Fe（100）–Ce^{surf}–（4×4）–L4 和 Fe（100）–Ce^{sub}–（4×4）–L4 的表面上分别吸附一层 O 原子，构建吸附氧的模型。模型表面有 16 个 Fe 原子,在该表面的 H 位点（由上节可知, O 原子最优吸附位点为 H 位点）放置一层 O 原子,结构优化后,得到图 5.7 的氧化膜结构。从图 5.7（a）中可以看出, Fe（100）–（4×4）–L4 表面上每个 Fe 原子和周围最邻近的四个 O 原子成键,每个 Fe—O 键长为 2.05 Å,从图 5.7（b）中可以看出,该完整氧化膜覆盖在 Fe（100）表面,第一层 Fe 原子和第二层 Fe 原子间距为 1.64 Å,比未吸附 O 原子层时的原子间距（1.38 Å）明显增大,这说明 O 原子层的吸附减小了第一层 Fe 原子与内层 Fe 原子的结合能力。从图 5.7（d）中可以看出, Ce 固溶在第一表层后,第一层 Ce 原子与次表层原子的原子间距增大到 2.90 Å,但第一表层 Fe 与次表层 Fe 原子的间距由原来的 1.64 Å 减小到 1.52 Å,这说明第一表面的 Ce 增强了基体对"氧化膜"的附着力。从图 5.7（f）中可以看出, Ce 固溶在次表层后,第一表层 Fe 与次表层 Fe 的原子间距由原来的 1.64 Å 增大到 1.92 Å,这说明次表面的 Ce 减弱了基体对"氧化膜"的结合能力,同时,"氧化膜"结构出现了"褶皱",这在一定程度上破坏了"氧化膜"结构的连续性。

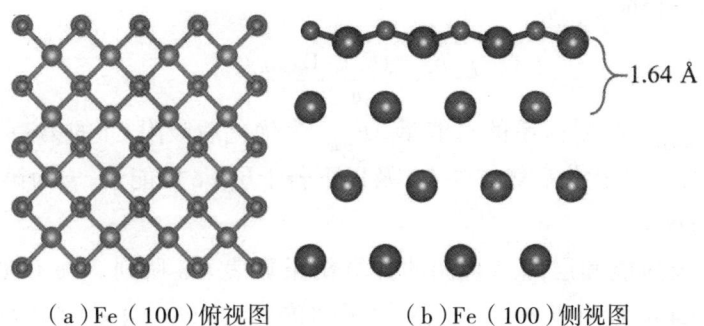

（a）Fe（100）俯视图　　　　　（b）Fe（100）侧视图

图 5.7　单层 O 原子在 Fe（100）, Fe（100）–Ce^{surf} 和 Fe（100）–Ce^{sub} 表面吸附形成吸附氧层结构

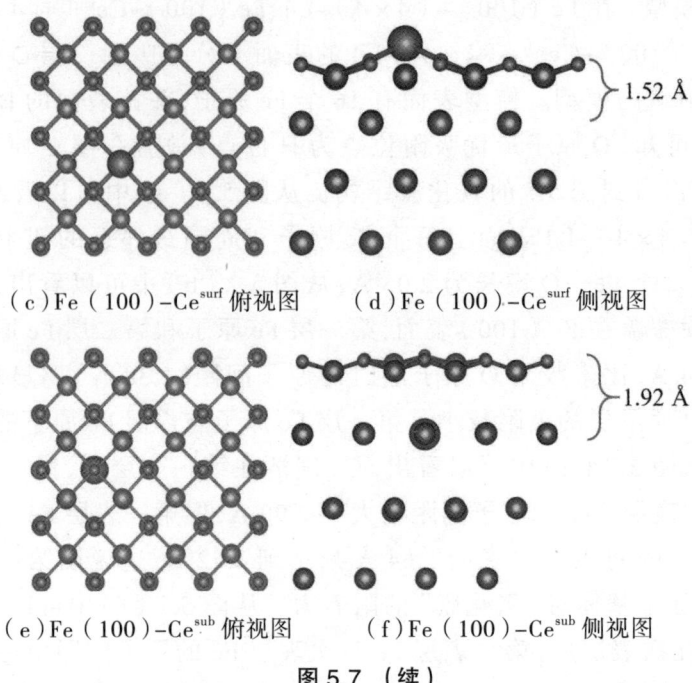

（c）Fe（100）-Ce^{surf}俯视图　　（d）Fe（100）-Ce^{surf}侧视图

（e）Fe（100）-Ce^{sub}俯视图　　（f）Fe（100）-Ce^{sub}侧视图

图 5.7 （续）

为了定量评价表面结构中第一层原子与内层原子的结合能力,即 O
或者 Cl 与铁表面的原子相互作用后的表面破坏程度,可根据公式（5.2）
计算层间结合能 E_b 为

$$E_b \frac{E_{slab+cl}(E_{slab1}-E_{slab2})}{n} \tag{5.4}$$

式中,$E_{slab+cl}$ 为吸附体系的总能量,E_{slab1} 为优化后吸附 Cl 的第一层 Fe
的能量,E_{slab2} 为优化后第二层 Fe 及以下若干层 Fe 的能量,n 为第一层
Fe 原子的数量。

平均吸附能和层间结合能的计算结果见表 5.3 所列。Fe（100）-
（4×4）-L4 的吸附能为 –7.82 eV, Fe（100）-Ce^{surf}-（4×4）-L4 的吸
附能为 –7.95 eV,Fe（100）-Ce^{sub}-（4×4）-L4 的吸附能为 –7.74 eV。
这说明第一表层 Ce 的掺杂有利于 O 原子的吸附,次表层 Ce 的掺杂不
利于 O 原子的吸附。层间结合能的计算结果表明,第一表层 Ce 增强了
单层 O 原子与内层 Fe 原子之间的结合力,次表层 Ce 减小了单层 O 原
子层与内层 Fe 原子之间的结合力,减弱了 O 原子层对 Fe 基体的保护
作用,这与上文几何结构分析的结果相吻合。

表 5.3　单层 O 原子的吸附能和层间结合能

Systems	Adsorption energy（eV）	Binding energy（eV）
Fe（100）–（4×4）–L4	−7.82	−1.46
Fe（100）–Ce^{surf}–（4×4）–L4	−7.95	−1.48
Fe（100）–Ce^{sub}–（4×4）–L4	−7.74	−1.31

5.4.3　O 和 Cl 的竞争性吸附机理

本节模拟海水腐蚀场景,研究 O 原子和 Cl 原子同时吸附在 Fe 基体表面时,稀土 Ce 对局部腐蚀的影响。在计算过程中,忽略 O 原子和 Cl 原子两者的吸附能大小和吸附顺序,将 O 原子和 Cl 原子同时吸附在裸 Fe（100）、Fe（100）–Ce^{surf}、Fe（100）–Ce^{sub} 表面,以揭示 Ce 对 O 和 Cl 竞争性吸附的影响。由 5.3 节可知,Cl 原子优先吸附表面的 B 位,而 O 原子优先吸附表面的 H 位,为了简化计算过程,本节仅考虑 Cl 原子 B 位吸附和 O 原子 H 位吸附,研究模型如图 5.8 所示。

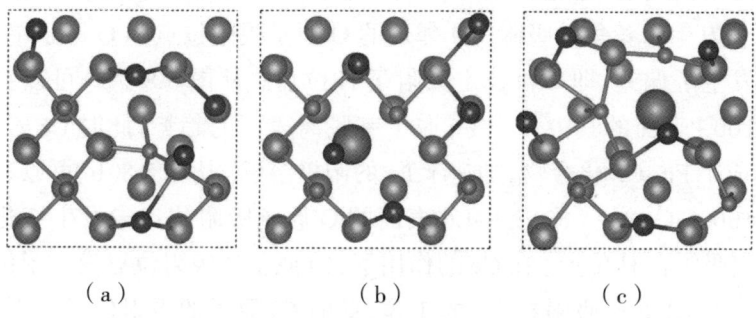

（a）　　　　　　　（b）　　　　　　　（c）

图 5.8　O 和 Cl 同时在 Fe（100）、Fe（100）–Ce^{surf} 和 Fe（100）–Ce^{sub}
表面吸附优化模型

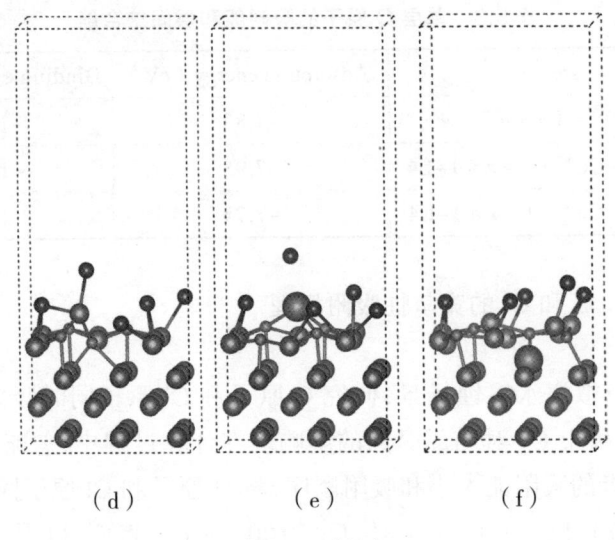

（d）　　　　　　（e）　　　　　　（f）

图 5.8 （续）

图 5.8 分别为 Fe（100）–（3 × 3）–L6、Fe（100）–Ce^{surf}–（3 × 3）–L6 和 Fe（100）–Ce^{sub}–（3 × 6）–L6 吸附四个 O 原子和五个 Cl 原子优化后的结构模型。从图 5.8（a）可以看出，Fe（100）表面的 O 原子和 Cl 原子发生了竞争性吸附，Cl 邻近的 O 原子吸附位点和 O 原子单独存在时发生了偏差，即不再稳定吸附于 H 位点。从图 5.8（d）可以看出，Fe（100）表面的其中一个 Fe 原子有脱离表面的趋势，此时 Cl 离子与 Fe 形成了 Fe–Cl$_x$ 化合物，加速了 Fe 的阳极溶解。从图 5.8（b）可以看出，Fe（100）–Ce^{surf}–（3 × 3）–L6 表面的 O 原子吸附位点未发生变化，还是稳定吸附在 H 位点。在 Ce 的作用下，Cl 原子的吸附位点发生了偏差，其中一个 Cl 原子吸附在 Ce 的 T 位，此时 Cl 原子的吸附位点不再稳定吸附在 B 位点。从图 5.8（e）可以看出，Fe（100）–Ce^{surf}–（3 × 3）–L6 表面的 Ce 原子与周围的 O 原子形成化学键，表面的 Fe 原子未发生严重的驰豫现象，在 Ce 的作用下，抑制了 Fe 原子的离子化。从图 5.8（c）可以看出，Fe（100）–Ce^{sub}–（3 × 3）–L6 表面的 Fe 原子发生了严重的驰豫，O 原子和 Cl 原子的吸附位点均发生了偏差。从图 5.8（f）可以看出，Fe（100）–Ce^{sub}–（3 × 3）–L6 表面的 Fe 原子与周围的 Cl 原子形成化学键，表面的 Fe 原子出现脱离基体的趋势，但趋势明显小于纯 Fe 表面中 Fe 脱离表面的趋势，这说明次表层的 Ce 原子在一定程度上抑制了

腐蚀的发生。综上所述,在相同浓度 O 原子和 Cl 原子下,第一表层和次表层的 Ce 原子均抑制了 Fe 的离子化,延缓了腐蚀的程度。

5.5　Ce 对亚稳点蚀坑内 Cl 吸附的影响

　　为了研究固溶 Ce 对 Fe 基体点蚀萌生的作用机理,本节计算了不同覆盖度的 Cl 在 Fe、Fe(100)–Ce^{surf}、Fe(100)–Ce^{sub} 表面上的吸附结构,如图 5.9 所示。图 5.9(a)、(b)、(c)为 1/3 mL、2/3 mL、1 mL 不同覆盖度的 Cl 在纯 Fe(100)表面的吸附结构。图 5.9(d)、(e)、(f)为 1/3 mL、2/3 mL、1 mL 不同覆盖度的 Cl 在 Fe(100)–Ce^{surf} 表面的吸附结构。图 5.9(g)、(h)、(i)为 1/3 mL、2/3 mL、1 mL 不同覆盖度的 Cl 在 Fe(100)–Ce^{sub} 表面的吸附结构。从图 5.9(c)可以看出,当 1 mL 的 Cl 原子在纯 Fe(100)表面吸附后,Fe 表面发生严重的弛豫,第一表层 Fe 和若干 Cl 原子成键,形成了"FeCl$_3$"亚结构(产物),且"FeCl$_3$"有脱离表面的趋势,同时,Cl 原子与次表面的 Fe 原子也形成了化学键,这说明 Cl 原子已经开始破坏次表层结构,进一步促进腐蚀的产生。通过分波态密度探究腐蚀产物"FeCl$_3$"中原子之间的相互作用,如图 5.10 所示,在 FeCl$_3$ 中的 Fe d 与 Cl p 轨道的峰产生了"共振",这说明 Fe 与 Cl 之间存在较强的相互作用。

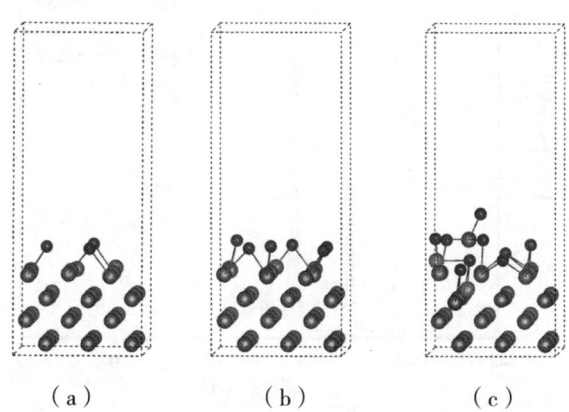

　　　　　　　（a）　　　　　　　（b）　　　　　　　（c）

图 5.9　不同覆盖度的 Cl 在 Fe、Fe(100)–Ce^{surf}、Fe(100)–Ce^{sub} 表面吸附结构

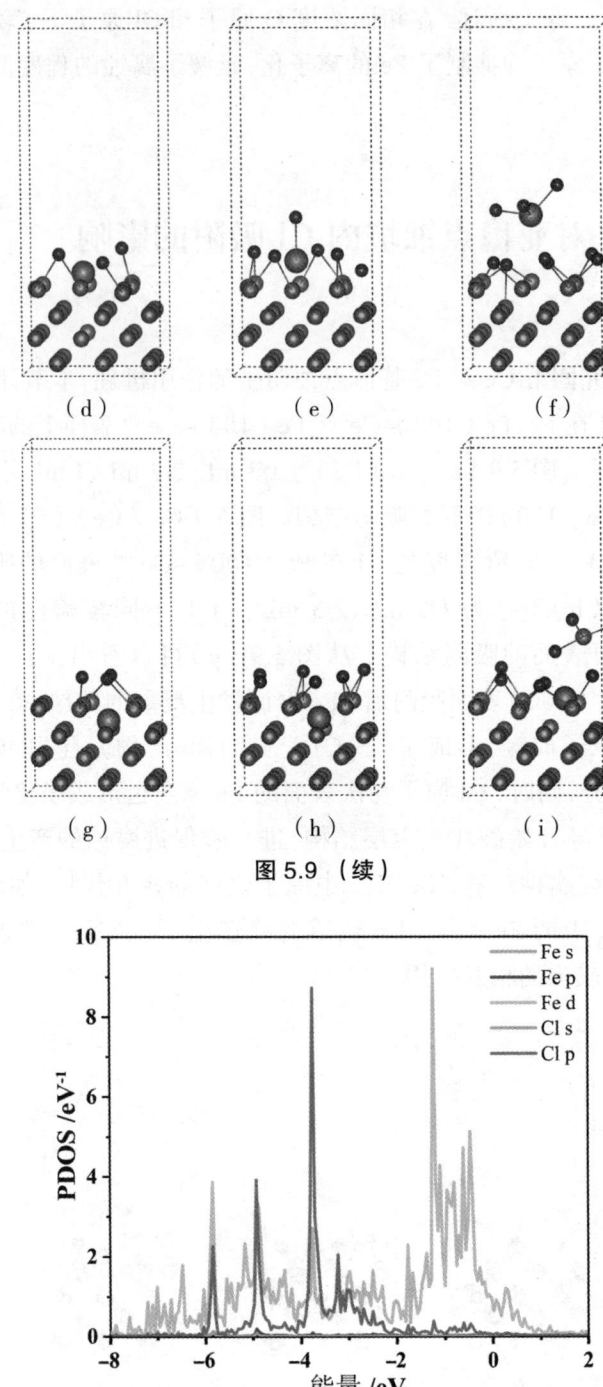

（d）　　　　　　　（e）　　　　　　　（f）

（g）　　　　　　　（h）　　　　　　　（i）

图 5.9 （续）

图 5.10　1 ML Cl 覆盖度下表面反应生成亚结构 FeCl$_3$ 的分波态密度图

　　为了探究 Ce 原子对腐蚀的影响,详细比较 1 mL Cl 原子覆盖度下 Ce 对 Fe 基体的影响。从图 5.9(f)可以看出,Cl 原子与 Ce 形成了"CeCl$_3$"亚结构(产物),且与表面的距离较远,但表面的 Fe 原子并没有发生严重的弛豫,同时 Cl 原子还未与次表层的 Fe 原子发生作用,未破坏次表层结构。从图 5.9(i)可以看出,Cl 原子与表面一个 Fe 形成了"FeCl$_3$"亚结构(产物),与图 5.9(c)的结构相比,表面其他的 Fe 原子并未发生严重的弛豫现象,Cl 未与次表层的 Fe 发生相互作用。

　　为了更加清晰地认识 Ce 原子对 Fe 基体的腐蚀作用,计算了 Cl 在 Fe、Fe(100)-Ce^{surf}、Fe(100)-Ce^{sub} 表面的吸附能、层间结合能来揭示 Ce 原子对 Cl 原子的吸附强度、表层与内层之间结合能的影响,如图 5.11 所示。从图 5.11(a)可以看出,随着 Cl 覆盖度的增加,Cl 原子对 Fe、Fe(100)-Ce^{surf}、Fe(100)-Ce^{sub} 体系的平均吸附能逐渐降低,纯 Fe(100) 第一层与内层 Fe 原子之间的结合能则相应地从 -1.85 eV 增大至 -1.07 eV,这说明表面 Fe 原子脱离 Fe 基体的趋势增大;对于 Fe(100)-Ce^{surf} 体系,第一层与内层 Fe 原子之间的结合能绝对值比纯 Fe(100) 体系的结合能绝对值大,这说明 Ce 有利于提高第一层与内层 Fe 之间的结合力,有效阻碍了表面 Fe 原子远离 Fe 基体,抑制了 Fe 原子的离子化,延缓了腐蚀的发生。当表面吸附 2/3 mL 的 Cl 时,Ce 原子明显向 Z 轴正方向发生了移动,有脱离表面的趋势,而表层的其他 Fe 原子并未发生严重的弛豫现象,如图 5.9(e)所示,此时结合能的绝对值反而稍稍增大,这说明在腐蚀的过程中,Ce 原子起到了延缓腐蚀的作用,阻滞了 Cl 原子破坏钢基体的进程。对于 Fe(100)-Ce^{sub} 体系,当 Cl 的覆盖率从 1/3 mL 增大至 2/3mL 时,此时表层与内层之间结合能的绝对值比 Fe(100) 体系小,这说明次表层 Ce 原子减弱了氧化膜与基体的附着力。当表面吸附 1 mL 的 Cl 时,此时结合能的绝对值反而比纯 Fe(100) 大,这说明高浓度 Cl 下,次表层的 Ce 原子反而有效地增大了 Fe 原子脱离基体的难度。

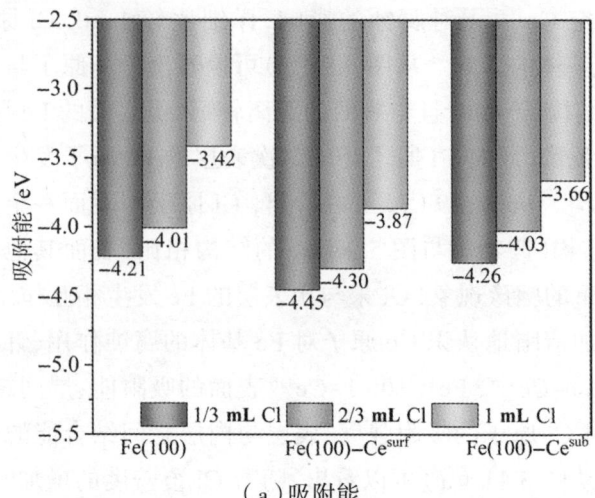

（a）吸附能

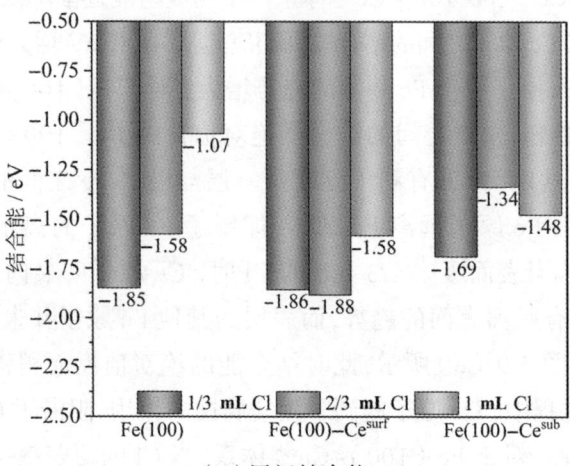

（b）层间结合能

图 5.11　不同覆盖度 Cl 在 Fe、Fe（100）–Ce^{surf}, Fe（100）–Ce^{sub} 表面的和层
间结合能

5.6　Ce 对阴阳极反应的影响

上节主要分析了 Ce 对 Fe 表面 O 和 Cl 吸附的影响,描述的是一个最终的状态,未涉及 Ce 对腐蚀速率的影响,因此本节引入交换电流密度这一概念,分别构建阴极去极化与阳极溶解模型,研究 Ce 对阴阳极交换电流密度的影响。

5.6.1　Ce 原子对阴极吸氧反应的影响

氧的标准平衡电极电位 $E_{eO_2}^0$ 比氢的标准电极电位 E_{eH}^0 正 1.28 V,所以氧的还原反应可以在更正的电位下发生,吸氧反应比吸氢反应更具有普遍性。

吸氧反应:

$$O_2+2H_2O+4e^- \Longrightarrow 4OH^- \qquad (5.5)$$

整个阴极吸氧的过程可分为三个步骤:氧向电极表面扩散;氧吸附在电极表面上;氧离子化。

这三个步骤共同影响到阴极过程,在一定程度上影响腐蚀速率。本节以钢铁材料在海洋环境下的腐蚀场景为对象,分析影响阴极腐蚀速率的因素和控制性环节。

由于钢铁材料在溶液中的电位较负,并处于活性溶解状态,氧在水中的溶解度很小,且氧的传输速率很慢,因此,氧向金属表面的扩散速度成为阴极吸氧反应的控制性环节。氧的极限扩散电流密度决定氧向金属表面的扩散速度。对于扩散控制的阴极反应:

$$O+ne \longrightarrow R \qquad (5.6)$$

当电极上有电流流过时,氧化态物质 O 在电极表面的活度 α_O^s 与溶液本体中的活度 α_O^s 形成活度差。当电极反应达到稳态时,即达到稳态

扩散,根据菲克第一定律,得到电极反应的扩散电流密度:

$$i = nFD_O \frac{a_O^0 - a_O^s}{\delta} \tag{5.7}$$

式中,D_O 是氧化态物质 O 在液相中的扩散系数;δ 为电极表面扩散层的厚度,若电极反应足够快,则 $a_O^s \to 0$,扩散电流密度 i 可达到极限值 i_d:

$$i_d = nFD_O \frac{a_O^0}{\delta} \tag{5.8}$$

i_d 为稳态极限扩散电流密度。由上式(5.6)和式(5.7)可得

$$\frac{a_O^0}{a_O^s} = 1 - \frac{i}{i_d} \tag{5.9}$$

根据能特斯公式可得

$$E = E^0 + \frac{RT}{nF} \ln a_O^s \tag{5.10}$$

$$E = E^0 + \frac{RT}{nF} \ln[a_O^0 (1 - \frac{i}{i_d}) \tag{5.11}$$

由此可得到扩散过电位 η_d:

$$\eta = E - E^0 + \frac{RT}{nF} \ln(1 - \frac{i}{i_d}) = \frac{RT}{nF} \ln(\frac{i_d - i}{i_d}) \tag{5.12}$$

即

$$i = i_d [1 - \exp(\frac{nF}{RT} \eta_d)] \tag{5.13}$$

式中,n 表示反应过程中转移的电荷数,F 为法拉第常数,R 为气体常数,T 为绝对温度。由公式(5.12)可看出,扩散电流密度取决于极限扩散电流 i_d 和扩散过电位 η_d。极限扩散电流 i_d 和扩散过电位 η_d 与材料的表面性质无关,与表面的缺陷或者杂质也无关。因此稀土钢中的稀土元素并不影响阴极吸氧反应的速率。

5.6.2　Ce 原子对阳极溶解反应的影响

金属氧化还原反应的电极过程一般受到电化学极化控制,阳极溶解

反应式为

$$M = M^{n+} + ne^-　　　　（5.14）$$

在阳极溶解的过程中，M 失去电子，不仅要克服化学能垒，还要克服电极和溶液双电层做功。Ma 等人通过解析这一溶解过程中的重要参数，建立了电极阳极溶解反应的电流密度与绝对电位的关系，公式如下：

$$I = C_{\text{M}} nF \frac{kT}{h} \exp\left(\frac{-\Delta G^0}{RT}\right)） \times \exp\left(\frac{\alpha n\Phi + \alpha n\Delta\Phi}{KT}\right)$$

$$\times \exp\left(\frac{E_{\text{surf}} + \sum_i C_i^{\text{vac}} E_i^{\text{vac}} + \sum_j c_j^{\text{ad}} E_j^{\text{ad}}}{\rho KT}\right)$$

$$\times \left\{ \exp\left[\frac{\alpha nF\left(U - \dfrac{\Phi + \Delta\Phi}{\text{e}}\right)}{RT}\right] - \exp\left[\frac{(1-\alpha)nF\left(U - \dfrac{\Phi + \Delta\Phi}{\text{e}}\right)}{RT}\right] \right\}$$

$$（5.15）$$

式中，K、h、U 分别为玻尔兹曼常数、普朗克常数和绝对电位；C_{M} 为浓度；α 为传递系数；ΔG^0 实际上是活化能的一部分，与任何指定的表面无关；Φ 为电极材料表面的功函数；$\Delta\Phi$ 表示在溶液的作用下电极材料表面功函数的变化；E^{vac} 为表面空位形成能；E^{ad} 为吸收表面上多余离子而产生的能量（吸附能）；E_{surf} 为特定表面的表面能；$\sum_i C_i^{\text{vac}} E_i^{\text{vac}}$ 概括了由于形成不同离子的表面空位而产生的总能量（对应于离子从表面逸出）；E_i^{vac} 为离子的表面空位形成能；C_i^{vac} 为表面空位浓度；$\sum_j c_j^{\text{ad}} E_j^{\text{ad}}$ 反映了吸附不同类型离子而产生的能量之和；c_j^{ad} 和 E_j^{ad} 分别为吸附浓度和吸附能量；ρ 为表面原子密度。

需要强调的是，当电位远大于平衡绝对电位即 $U \gg \dfrac{\Phi + \Delta\Phi}{\text{e}}$ 时，

$\exp\left[\dfrac{(1-\alpha)nF\left(U - \dfrac{\Phi + \Delta\Phi}{\text{e}}\right)}{RT}\right]$ 这一项可以忽略不计，公式（5.15）可以

简化为

$$I = C_{\text{M}} nF \frac{kT}{h} \exp\left(\frac{-\Delta G^0}{RT}\right)$$

$$\times \exp\left(\frac{E_{\text{surf}} + \sum_i C_i^{\text{vac}} E_i^{\text{vac}} + \sum_j c_j^{\text{ad}} E_j^{\text{ad}}}{\rho KT}\right) \times \exp\frac{\alpha nFU}{RT} \quad (5.16)$$

对公式（5.16）两边取对数后得

$$\ln I = \ln\left(C_{\text{M}} nF \frac{kT}{h}\right) + \frac{\alpha nFU - \Delta G}{RT}$$

$$+ \frac{E_{\text{surf}} + \sum_i C_i^{\text{vac}} E_i^{\text{vac}} + \sum_j c_j^{\text{ad}} E_j^{\text{ad}}}{\rho KT} \quad (5.17)$$

这是塔菲尔直线的一种表现形式，由公式（5.17）可知，影响阳极溶解反应交换电流密度的参数为 ΔG^0、Φ、E_{surf}、ρ、$\sum_i C_i^{\text{vac}} E_i^{\text{vac}}$、$\sum_j c_j^{\text{ad}} E_j^{\text{ad}}$，其中，$\Delta G^0$ 与电极材料本身的性质相关；Φ 为功函数，由材料表面结构决定；E_{surf}、ρ 为表面能量密度，与表面结构相关；$\sum_i C_i^{\text{vac}} E_i^{\text{vac}}$、$\sum_j c_j^{\text{ad}} E_j^{\text{ad}}$ 为受到材料表面缺陷（空位和吸附物）影响而引起的表面偶极子变化的总能量。

本书只研究 Ce 原子对 Fe 基体腐蚀性能的影响，不考虑吸附和空位等因素对交换电流密度的干扰，因此 Ce 原子的掺杂只会影响公式（5.17）中的第二项和第三项。首先第二项与功函数有关，功函数越大，平衡绝对电位越高（材料越稳定），相应的交换电流密度也会越大。其次第三项由表面能量密度决定，表面能量密度越低，交换电流密度越小，反应所需的能量越大，反应越难进行。最后在塔菲尔直线区域内，表面能量密度成为影响阳极反应速率的关键因素，而功函数的影响微乎其微。

科研人员在研究 Ce 元素对 Fe 基体的作用时，先构建 Ce 合金化后的表面模型，再计算 Ce 合金化后 Fe 表面性质。Ce 合金化后 Fe–Ce 表面的表面能可通过以下公式计算：

$$E_{\text{slab}} = \{E_{\text{slab}}(\text{Fe}_{x-2}\text{Ce}_2) - E_{\text{bulk}}(\text{Fe}_{y-2}\text{Ce}_2) - (x - y)E_{\text{bulk}}(\text{Fe})\}/2A \quad (5.18)$$

式中，$E_{\text{slab}}(\text{Fe}_{x-2}\text{Ce}_2)$ 为 Ce 合金化后表面模型的总能量，$E_{\text{bulk}}(\text{Fe}_{y-2}\text{Ce}_2)$ 为 Fe–Ce 掺杂体系的总能量，$E_{\text{bulk}}(\text{Fe})$ 为每个 Fe 单质原子的参考能量。

为了阐明 Ce 原子对 Fe 基体耐腐蚀行为的影响，计算并分析了不同占位的 Ce 对 Fe（100）不同终端表面的功函数、表面能和表面能量密度的影响，计算结果如图 5.12 所示。从图 5.12（a）可以看出，Fe(100)$_1$–Ce^{surf}、Fe(100)$_2$–Ce^{surf} 表面的功函数均分别低于纯 Fe(100)$_1$、Fe（100）$_2$ 表面的功函数，这说明第一表层 Ce 的固溶降低了 Fe 基体的稳定性。Fe（100）$_1$–Ce^{sub} 表面的功函数高于纯 Fe（100）表面的功函数，这说明次表层 Ce 的固溶提高了平衡绝对电位，增强了 Fe 基体的稳定性。Fe（100）$_2$–Ce^{sub} 表面的功函数低于纯 Fe（100）$_2$ 表面的功函数，但与 Fe（100）的功函数差值很小。从图 5.12（b）、（c）可以看出，Fe（100）$_1$–Ce^{surf}、Fe（100）$_2$–Ce^{surf} 的表面能和表面能量密度分别低于所对应的纯 Fe（100）$_1$、Fe（100）$_2$ 的表面能和表面能量密度，这说明第一表层的 Ce 降低了体系阳极溶解速率。Fe（100）$_1$–Ce^{sub} 的表面能和表面能量密度低于所对应的纯 Fe（100）$_1$ 的表面能和表面能量密度，而 Fe（100）$_2$–Ce^{sub} 的表面能量密度几乎等于所对应的纯 Fe（100）$_2$ 的表面能和表面能量密度，这说明次表层 Ce 降低了体系的阳极反应速率。综上所述，在塔菲尔直线区域，Ce 的掺杂降低了 Fe（100）表面的阳极反应速率，改善了 Fe 基体的腐蚀性能。值得注意的是，尤其是次表层的 Ce 导致 U_e 略微变化而 I_0 降低，从根本上改善了 Fe 的耐腐蚀性能。

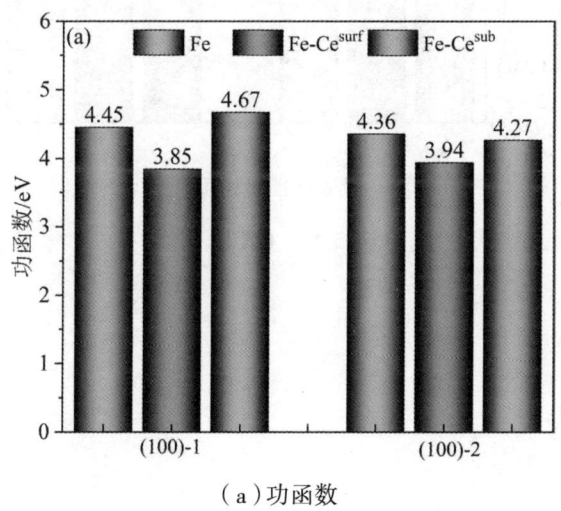

（a）功函数

5.12　Fe 和 Fe–Ce 在（100）和（110）表面的功函数、表面能和表面能量密度

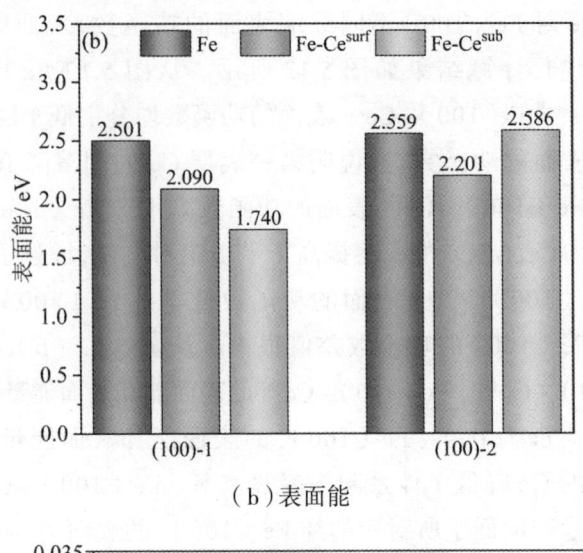

（b）表面能

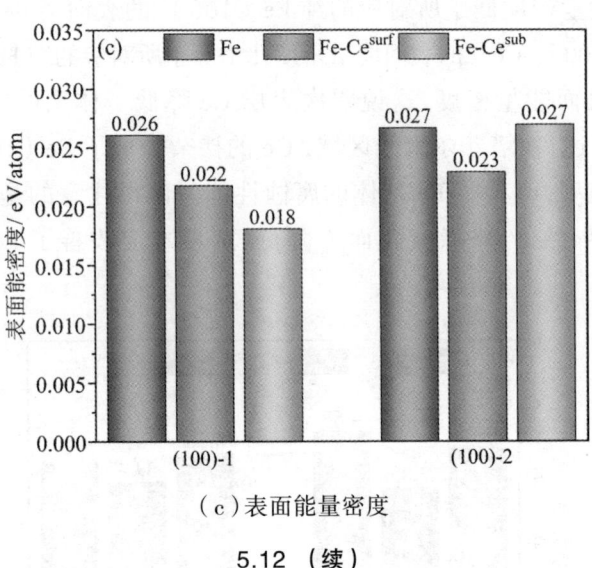

（c）表面能量密度

图 5.12 （续）

5.7　小结

（1）第一表层的 Ce 提高了单层氧原子膜与基体之间的层间结合能，
改善了单层氧原子膜与基体的附着力；次表层的 Ce 降低了单层氧原子

膜与基体之间的层间结合能,降低了基体与单层氧原子膜的附着力。

（2）在相同浓度的 O 原子和 Cl 原子条件下,第一表层和次表层的 Ce 原子均抑制 Fe 的离子化,极大地促进了钢基体的再钝化过程。

（3）当 Cl 覆盖度从 1/3 mL 逐渐增加至 1 mL 时,Fe、Fe（100）-Ce^{surf}、Fe（100）-Ce^{sub} 表面对 Cl 的吸附能逐渐降低;对于 Fe（100）-Ce^{surf} 体系,第一层与内层 Fe 原子之间的结合能力增强,固溶在第一表层的 Ce 有利于阻碍表面的 Fe 原子远离 Fe 基体,延缓腐蚀的发生;对于 Fe（100）-Ce^{sub} 体系,当表面吸附 1 mL 的 Cl 时,此时的结合能力增强,说明在高浓度 Cl 条件下,次表层的 Ce 原子有效地增大了 Fe 原子脱离基体的难度。

（4）当氧扩散环节为吸氧反应速率的控制性环节时,Ce 的掺杂对阴极吸氧反应速率几乎不造成影响;阳极溶解反应中电流密度与绝对电位的关系式表明,次表层 Ce 提高了 Fe（100）$_1$ 的功函数,降低了 Fe（100）$_1$ 的表面能量密度,使得基体平衡绝对电位升高,增强 Fe（100）$_1$ 电化学稳定性的同时降低了 Fe 基体的阳极溶解速率,进而提高了 Fe 基体的耐蚀性。

第6章　Ce夹杂物诱发点蚀起源机理分析

6.1　引言

　　夹杂物因化学成分与结构的不同,导致诱发点蚀萌生的机理也不尽相同。例如,Ha 等人的研究结果显示,在含稀土的不锈钢中,点蚀开始于(RE, Cr, Mn)–O–S 夹杂物与钢基体之间的界面处;而 Kim 等人指出,点蚀是由(Cr, Mn, Fe)–O–S 夹杂物溶解而产生的并非(RE, Cr, Mn)–O–S 夹杂物;再者,Yue 等人认为,稀土加入钢中后,点蚀是由于钢基体的溶解而产生的。当前,稀土夹杂物在点蚀萌生初期所扮演的角色以及发挥的作用尚不明确,缺乏稀土夹杂物在钢中腐蚀电化学行为的系统认知。弄清夹杂物与基体之间的电化学差异是理解点蚀机理的前提。

　　本章采用 3.5wt.%NaCl 溶液模拟海水腐蚀环境对第 4 章所用试验钢进行浸泡实验,借助 FE–SEM、SKPFM、C–AFM 等微区检测手段以及第一性原理计算方法对夹杂物的表面电势、电流分布等微区电化学信息及功函数等进行监测与分析,重点探讨 Cl^- 介质环境下,Ce_2O_3、$CeAlO_3$、Ce_2O_2S 稀土夹杂物诱发点蚀的内在机制以及腐蚀过程中的演变规律。

6.2 计算方法

本章所用的计算方法及参数选取与第 5 章基本相同，在此不赘述，详见 5.2 节。在对不同晶体结构 Al_2O_3、TiN、Ce_2O_3、$CeAlO_3$、Ce_2O_2S 进行功函数计算的过程中，采用高斯方法，smearing 值设为 0.1 eV，K 点间距设为 0.2 Å。

6.3 夹杂物腐蚀行为原位表征

6.3.1 夹杂物形态分析

图 6.1 为 1# 试验钢中夹杂物的 FE-SEM 形貌图和元素分布图。根据 SEM 观察统计，钢中的主要夹杂物为 Al_2O_3 和 TiN，Al_2O_3 夹杂物多为长条状，TiN 呈几何多边形，仔细观察发现试验钢中几乎所有的 Al_2O_3 夹杂物周围都伴随着 TiN 的析出，如图 6.1（a）、（c）、（d）所示。由于 Al_2O_3 夹杂物脆性不变形的特点，在应力的作用下，易在与钢基体接触的地方形成微缝隙。然而在本次试验钢中，Al_2O_3 夹杂物与钢基体不存在缝隙，是因为钢中存在 Ti、N 元素，由于 Ti 对 N 表现出很高的亲和力，在凝固过程中，TiN 以 Al_2O_3 夹杂物为形核核心、长大并析出，如图 6.1（a）所示，长条状 Al_2O_3 夹杂物两端有少量 TiN 析出，填补了 Al_2O_3 和钢基体原有的缝隙。在图 6.1（c）、（d）中，几何多边形的 TiN 夹杂物半包裹或者完全包裹住了 Al_2O_3 夹杂，尺寸约为 10 μm。钢中除了 Al_2O_3 和 TiN 的复合夹杂物外，还存在单一的 TiN 夹杂物，其尺寸也在 10 μm 左右，呈现出规则的几何形状，如图 6.1（b）所示。TiN 属于硬质夹杂物，与 Fe 均属于立方晶体结构，能够和 Fe 基体形成半共格界

面,使得 TiN 夹杂物与钢基体能够很好地贴合,因此,TiN 夹杂物与钢基体界面处不存在缝隙。

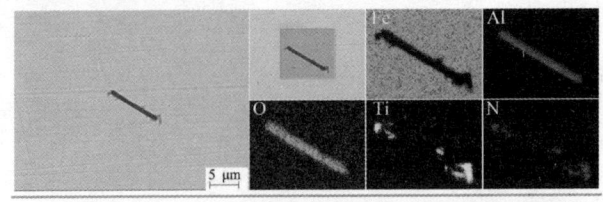

（a）Al_2O_3 夹杂物

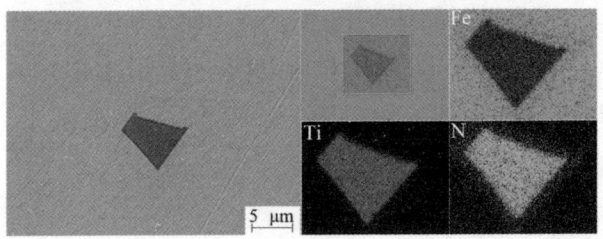

（b）TiN 夹杂物

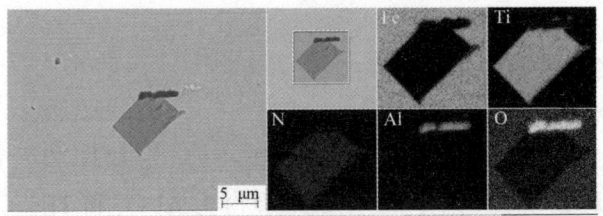

（c）TiN 与 Al_2O_3 伴生状复合夹杂物

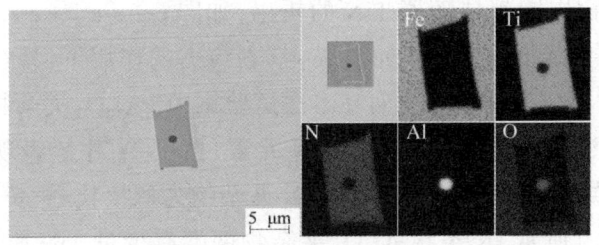

（d）TiN 完全包裹 Al_2O_3 状复合夹杂物

图 6.1　1# 试验钢中夹杂物 FE-SEM 形貌图和元素分布图

图 6.2 为 3# 试验钢中夹杂物的 FE-SEM 形貌图和元素分布图。从图 6.2 可以看出,Ce 夹杂物基本呈球形,其尺寸约为 2 ~ 5 μm,明显小于 Al_2O_3、TiN 及 Al_2O_3-TiN 复合夹杂物的尺寸(约 10 μm)。小尺寸

的 Ce 夹杂物对周围钢基体作用的范围变小,在一定程度上延缓了腐蚀的进度。图 6.2(a)为 Ce_2O_3 夹杂物,尺寸为 1~2 μm,呈球形。图 6.2(b)为 Ce_2O_3–$CeAlO_3$ 复合夹杂物,尺寸为 4~5 μm,比 Ce_2O_3 夹杂物的尺寸稍大,$CeAlO_3$ 夹杂物被 Ce_2O_3 夹杂物层层包裹,该复合夹杂物内核为 $CeAlO_3$,外壳为 Ce_2O_3。图 6.2(c)为 Ce_2O_3–Ce_2O_2S 复合夹杂物,尺寸为 1~2 μm,Ce_2O_2S 夹杂物被一层或多层 Ce_2O_3 夹杂物半包裹。据 SEM 观察统计,钢中存在大量的 Ce_2O_3 夹杂物,而 Ce_2O_2S 夹杂物的数量很少。当钢中存在一定的 [O] 含量,且 [O]/[S] 比值较高时,钢中的夹杂物多以 Ce_2O_3 形式存在,这与 4.3.2 节中 Ce 夹杂物热力学分析结果相符。图 6.2(d)显示,该类复合夹杂物的内核含有 Ce、Al、Mg、O 四种元素,通过搜索 ICSD、COD、Pearson 晶体库,发现不存在 Ce–Al–Mg–O 的晶体结构,因此,初步推断该类夹杂物的内核为含 Al_2O_3、CeO_2、MgO 的机械混合物(MgO 夹杂物应为坩埚中的镁砂所致),最外层圆环状为 TiN 夹杂物,尺寸约为 6 μm。

在通常情况下,Ce 改性后的夹杂物在形状、尺寸及化学结构等方面均会发生改变,例如,Al_2O_3 夹杂物通过 Ce 改性后,变为尺寸较小的 $CeAlO_3$ 夹杂,形状也由 Al_2O_3 时的长条状改性为 $CeAlO_3$ 时的球形,如图 6.2(b)所示。这种改性的结果是夹杂物的种类、尺寸和形状都发生了变化。而从图 6.2(d)可以看出,Ce 加入后使得 Al_2O_3、CeO_2、MgO 三类夹杂物机械混合为圆球状,形状发生了变化;在凝固过程中 TiN 沿着这类复合夹杂物的边缘处开始析出,最终使得 TiN 的形状由规则的几何多边形变为圆环状,该复合夹杂物只是形状发生了改变,其尺寸基本无变化,晶体结构也没发生变化。

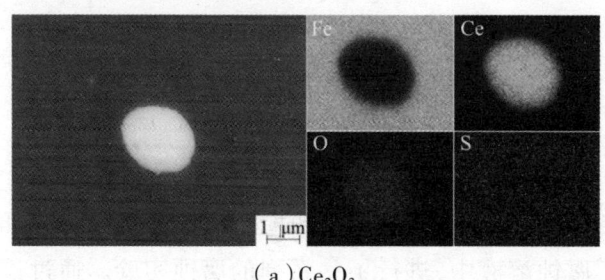

(a)Ce_2O_3

图 6.2　3# 试验钢中夹杂物 FE–SEM 形貌图和元素分布图

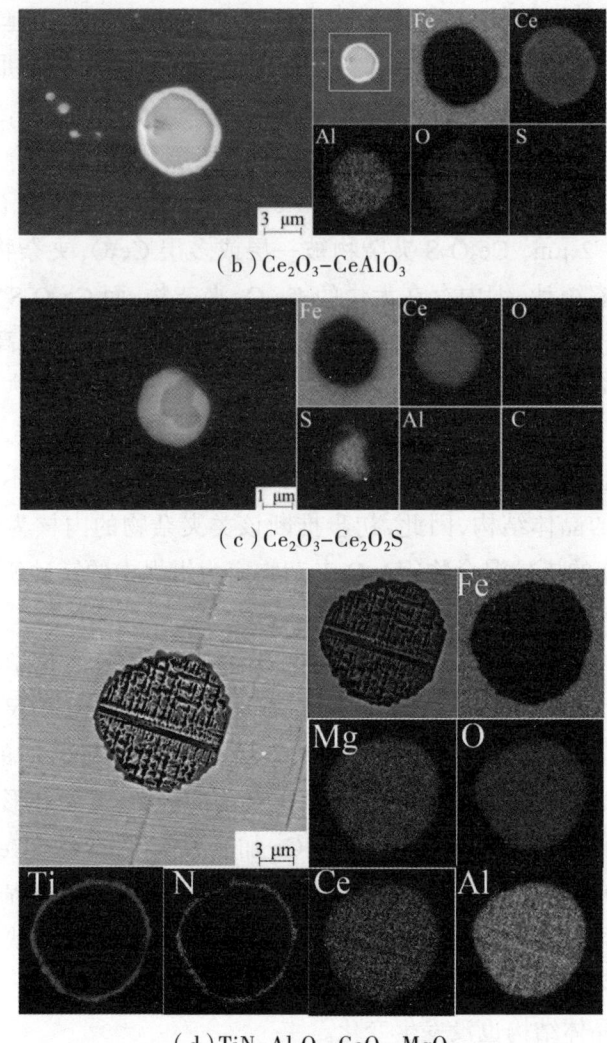

（b）Ce$_2$O$_3$–CeAlO$_3$

（c）Ce$_2$O$_3$–Ce$_2$O$_2$S

（d）TiN–Al$_2$O$_3$–CeO$_2$–MgO

图 6.2 （续）

6.3.2 夹杂物腐蚀行为特征

为了探明夹杂物诱发点蚀萌生和扩展的前期过程,本节将试样浸泡在模拟海洋腐蚀溶液中,进行了一系列的腐蚀实验。通过试验观察显示,腐蚀具有方向性,往往沿着某一个方向最先开始腐蚀,而夹杂物在试样中的分布是随机的,位置是不确定的。在进行浸泡实验时,即使相同浸泡时间下,同一种夹杂物在不同位置时所表现出来的腐蚀形貌也不完全一致,因此,浸泡时间不宜作为衡量夹杂物腐蚀进程的指标。在腐蚀过程中,钢基体的表面会产生一层锈层,为了更加清楚地了解夹杂物及附近区域的腐蚀程度,在进行 SEM 观测之前,根据钢基体表面锈层的情况,适当使用除锈液进行除锈,以获得更清晰的腐蚀形貌。

图 6.3 为 1# 试验钢不同夹杂物的腐蚀形貌图及元素分布图。图 6.3（a）为 Al_2O_3 夹杂物的腐蚀形貌图,从图 6.3（a）$_{(2)}$ 可以看出,与 Al_2O_3 夹杂物接触的钢基体发生了轻微的溶解,使得 Al_2O_3 与钢基体产生了微空隙,并且空隙主要在 Al_2O_3 夹杂物与钢基体接触的区域萌生。浸泡一段时间后,与 Al_2O_3 夹杂物接触的钢基体进一步发生了溶解,使得整个夹杂物与钢基体产生了缝隙,形成了缝隙腐蚀,同时,距离稍远的钢基体上也产生了无数的小孔洞,这意味着钢基体发生了溶解,如图 6.3（a）$_{(3)}$ 所示。随着腐蚀时间的延长,与 Al_2O_3 夹杂物接触的钢基体大量溶解,形成了较深的腔洞型腐蚀坑。Al_2O_3 周围的钢基体腐蚀纵向发展速度比横向扩展速度要快。距离夹杂物较远的钢基体周围小孔洞的消失说明与 Al_2O_3 夹杂物没有接触的钢基体的腐蚀坑在横向的扩展速率要快于其在纵向的扩展速率,所以呈现出宽而浅的形态,如图 6.3（a）$_{(4)}$ 所示。

图 6.3（b）为 TiN 夹杂物的腐蚀形貌图及元素分布图。从图 6.3（b）$_{(2)}$ 可以看出,TiN 夹杂物与钢基体接触处出现了不连续的细小孔洞,这意味着 TiN 夹杂物周围的钢基体开始溶解。浸泡一段时间后,TiN 夹杂物周围的小孔洞发生溶解而形成细长的腐蚀缝隙。随着腐蚀时间的延长,TiN 夹杂物周围的钢基体发生了均匀腐蚀,大部分的 TiN 被暴露在表面上,钢基体上大量的小孔洞消失,合并成为宽而浅的腐蚀坑,如图 6.3（b）$_{(4)}$ 所示。这说明腐蚀坑在横向的扩展速率要快于其在纵向的扩展速率,然后 TiN 几乎完全被暴露在钢基体表面,如图 6.3（b）$_{(5)}$ 所示,最终 TiN 从表面上脱落,如图 6.3（c）所示。

图 6.3（d）为 Al_2O_3+TiN 夹杂物的腐蚀形貌图及元素分布图。从图 6.3（d）可以看出,Al_2O_3 在腐蚀过程中,产生了较深的腔洞型腐蚀坑,而 TiN 周围的钢基体发生均匀腐蚀,并没有产生腐蚀坑。图 6.3（e）为 Al_2O_3+TiN 夹杂物群的腐蚀形貌图。由图可见,Al_2O_3+TiN 夹杂物群周围的钢基体腐蚀程度明显,Al_2O_3 夹杂物周围的钢基体发生了溶解反应,形成了较深的腔洞型腐蚀坑,而 TiN 夹杂物大部分裸露在基

体表面,周围的钢基体则发生了均匀腐蚀。从图 6.3（e）$_{(4)}$可以看出,
Al_2O_3+TiN 夹杂物群周围的腐蚀坑合并成较大的腐蚀坑,严重破坏了钢
基体。图 6.3（f）为除锈后试样的腐蚀全貌图,圆形虚线框为 Al_2O_3 夹
杂物腐蚀过程中形成的腐蚀坑,该类腐蚀坑有很深的空腔,对钢基体的
破坏主要体现在腐蚀坑的纵向腐蚀程度。方形虚线框为 TiN 夹杂物腐
蚀后期的全貌图,从图中可以看出,有的 TiN 脱离钢基体表面,形成稳
定的点蚀坑;有的 TiN 大部分裸露在钢基体表面。另外,从腐蚀全貌图
可以看出, Al_2O_3 和 TiN 两类夹杂物对钢基体的破坏方式有所不同,这
源于两类夹杂物的腐蚀本质不同。

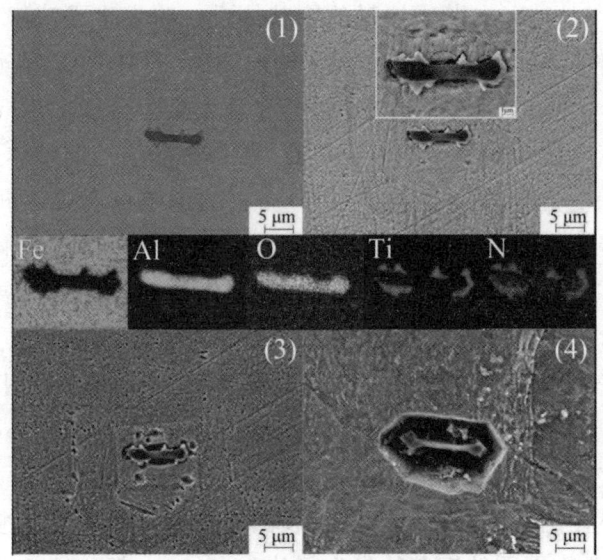

（a）Al_2O_3 夹杂物的腐蚀形貌图

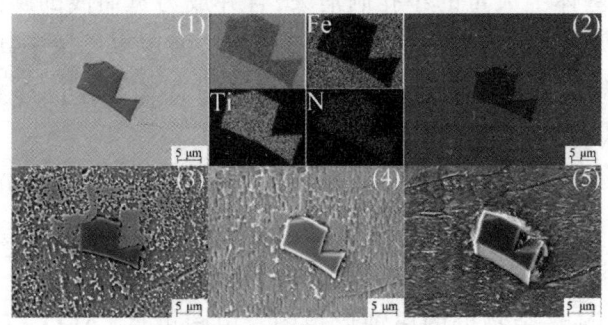

（b）TiN 夹杂物的腐蚀形貌图

图 6.3　1# 试验钢中夹杂物的腐蚀形貌图

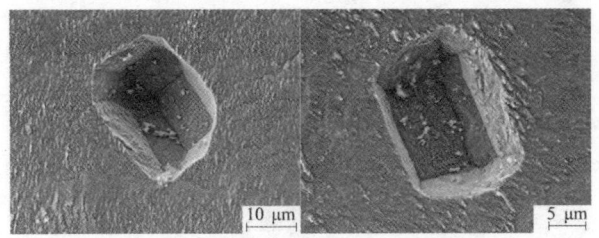

（c）TiN 夹杂物脱落后的腐蚀坑

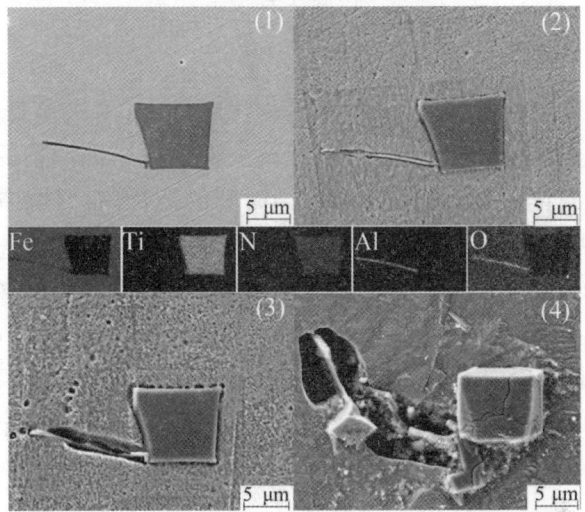

（d）Al$_2$O$_3$+TiN 夹杂物的腐蚀形貌图

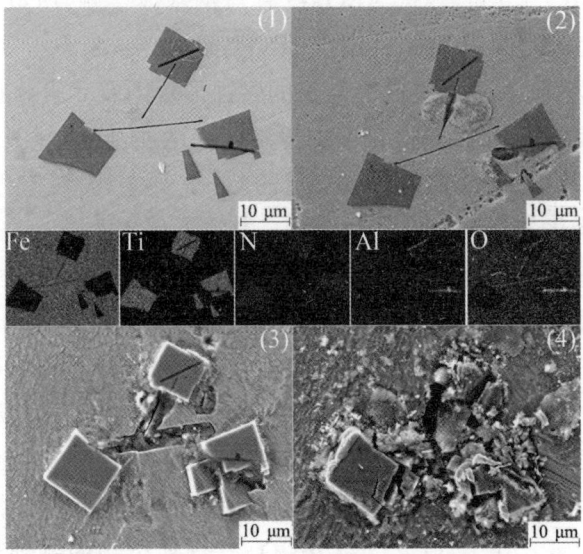

（e）Al$_2$O$_3$+TiN 夹杂物群的腐蚀形貌图

图 6.3　（续）

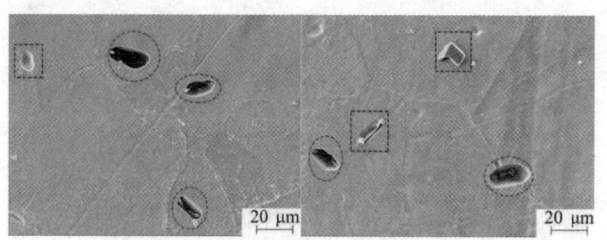

（f）腐蚀全貌图

图 6.3 （续）

当 TiN 没有完全包裹 Al_2O_3 夹杂物时，与 Al_2O_3 夹杂物接触的钢基体会优先腐蚀，形成缝隙腐蚀，随着夹杂物表面腐蚀产物的不断堆积，进一步形成封闭的腐蚀坑；随着腐蚀时间的延长，腐蚀坑中的 pH 值下降，导致坑内的钢基体持续被腐蚀。如果一直保持封闭状态，那么腐蚀会一直持续下去，形成很深的腔洞型腐蚀坑，最终严重破坏了钢基体。与 Al_2O_3 夹杂物相比，TiN 夹杂物表现出不同的腐蚀形貌，随着腐蚀的加剧，TiN 夹杂物周围的钢基体被均匀腐蚀，直到 TiN 夹杂物从钢基体脱落，形成稳定的腐蚀坑。这类腐蚀坑大多宽而窄，由于 TiN 的脱落，腐蚀坑上面不能产生大量的腐蚀产物使之形成封闭的腐蚀空间，因此，随着 TiN 的脱落，腐蚀得到了延缓。对于 TiN 完全包裹 Al_2O_3 的复合夹杂物 [图 6.1（d）]，因为 Al_2O_3 没有与钢基体接触，所以不会形成较深的腔洞型腐蚀坑，其腐蚀机理与 TiN 类似。

图 6.4 为 3# 试验钢不同夹杂物的腐蚀形貌图及元素分布图。图 6.4（a）和（b）为 Ce_2O_3 夹杂物在不同浸泡时间的腐蚀形貌。从图 6.4（a）可以看出，Ce_2O_3 夹杂物边缘有少量的 Ce_xS_y 夹杂物，浸泡一段时间后，Ce_xS_y 夹杂物优先溶解 [图 6.4（a）$_{(2)}$ 中的①和②区域]，与钢基体接触的 Ce_2O_3 夹杂物也开始发生溶解，使得钢基体与 Ce_2O_3 夹杂物之间出现了微裂缝 [图 6.4（a）$_{(2)}$ 中③、④和⑤区域]，而钢基体基本没有变化。随着腐蚀进一步加深，与钢基体接触的夹杂物从其交界处开始发生溶解，同时，夹杂物内部也发生了溶解反应 [图 6.4（a）$_{(3)}$]，从图 6.4（b）可以看出，Ce_2O_3 夹杂物优先发生溶解，直至夹杂物完全溶解，直至形成稳定的腐蚀坑 [图 6.4（b）$_{(2)}$ 中①区域]，此时的钢基体基本没有变化。图 6.4（c）、（d）、（e）为 Ce_2O_3–$CeAlO_3$ 复合夹杂物的腐蚀形貌图。外壳中亮白色部分为 Ce_2O_3 夹杂物，内核中灰白色部分为 $CeAlO_3$ 夹杂物，

从图 6.4（c）$_{(2)}$图可以看出，Ce_2O_3 夹杂物优先溶解，钢基体与内核中的 $CeAlO_3$ 基本没有变化。在图 6.4（d）$_{(2)}$中可以发现，$CeAlO_3$ 随后发生溶解，直至 Ce_2O_3-$CeAlO_3$ 复合夹杂物完全溶解，形成稳定的腐蚀坑。从图 6.4（e）$_{(1)}$可以看出，Ce_2O_3 开始沿着其与 $CeAlO_3$ 的交界处发生溶解，直到形成缝隙腐蚀。随着腐蚀的发展，Ce_2O_3 也开始沿着其与钢基体的交界处发生溶解，如图 6.4（e）$_{(2)}$所示，直至 Ce_2O_3 完全溶解。结合图 6.4(c)、(d)、(e)可以明确 Ce_2O_3-$CeAlO_3$ 的整个腐蚀过程，在腐蚀初期，与 $CeAlO_3$ 交界处的 Ce_2O_3 夹杂物开始发生溶解，直至与 $CeAlO_3$ 夹杂物接触的 Ce_2O_3 夹杂物溶解而形成缝隙腐蚀，接着 Ce_2O_3 开始沿着与钢基体的交界处发生溶解。因为 Ce_2O_3 与 $CeAlO_3$ 的界面能大于 Ce_2O_3 与钢基体的界面能，这说明 Ce_2O_3 与 $CeAlO_3$ 的界面稳定性要弱于 Ce_2O_3 与钢基体的界面稳定性，因此，溶解优先发生在 Ce_2O_3 与 $CeAlO_3$ 的交界处。随着腐蚀的进行，Ce_2O_3 优先溶解，$CeAlO_3$ 接着溶解，直至 Ce_2O_3-$CeAlO_3$ 复合夹杂物完全溶解，形成稳定的腐蚀坑。整个过程中钢基体几乎没有变化，同时进一步确定了夹杂物与钢基体的溶解顺序为 Ce_2O_3>$CeAlO_3$> 钢基体。

图 6.4（f）为 Ce_2O_3-Ce_2O_2S 复合夹杂物的腐蚀形貌图及元素分布图。亮白色部分为 Ce_2O_3 夹杂物，灰白色部分为 Ce_2O_2S 夹杂物。从图 6.4（f）$_{(2)}$可以看出，Ce_2O_2S 夹杂物优先溶解；从图 6.4（f）$_{(3)}$可看到，Ce_2O_2S 已经大部分发生了溶解，Ce_2O_3 也发生了轻微的溶解，而钢基体基本没有变化。Ce_2O_3-Ce_2O_2S 复合夹杂物在整个腐蚀过程中，Ce_2O_2S 优先溶解，Ce_2O_3 接着溶解，直至最后形成稳定的腐蚀坑。图 6.4（g）为 TiN-Al_2O_3-MgO-CeO_2 复合夹杂物的腐蚀形貌图。通过面分布图可以看出，TiN 在 Al_2O_3-MgO-CeO_2 复合夹杂物的周围析出，呈圆环状，经过一段时间的浸泡，发现复合夹杂物与周围的钢基体产生了缝隙 [图 6.4（g）$_{(2)}$]，这主要是因为与夹杂物接触的钢基体发生溶解反应，继续浸泡，钢基体腐蚀加剧，而 Al_2O_3-MgO-CeO_2 复合夹杂物没有发生任何变化。根据盐效应可知，CeO_2 在盐溶液中不容易发生溶解反应，而 Ce_2O_3 可以发生溶解反应。因此，可推断该复合夹杂物中的 Ce 氧化物为 CeO_2 而非 Ce_2O_3。通过对这几类 Ce 夹杂物的腐蚀形貌图分析可得，Ce 夹杂物与钢基体的腐蚀倾向依次为 Ce_2O_2S>Ce_2O_3>$CeAlO_3$> 钢基体 > Al_2O_3-MgO-CeO_2。

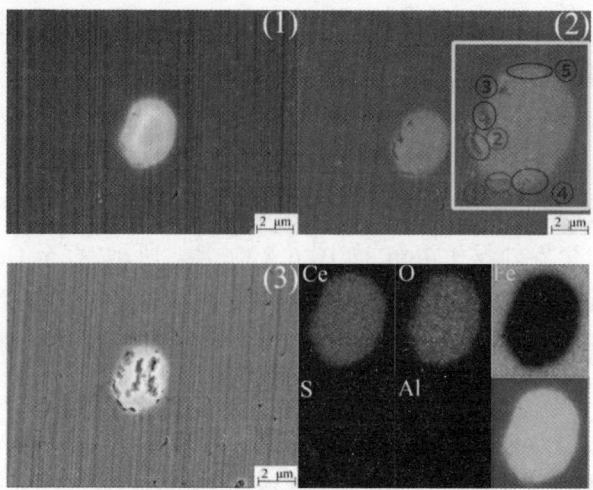

（a）Ce₂O₃ 夹杂物腐蚀形貌 1

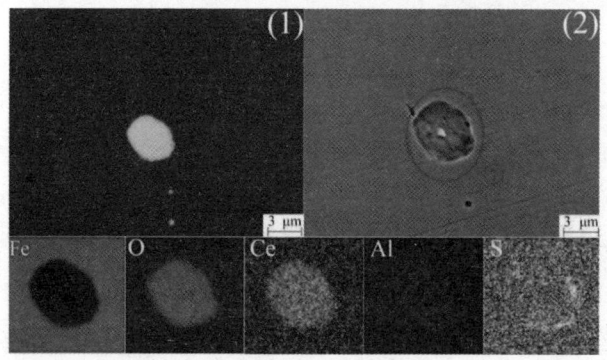

（b）Ce₂O₃ 夹杂物腐蚀形貌 2

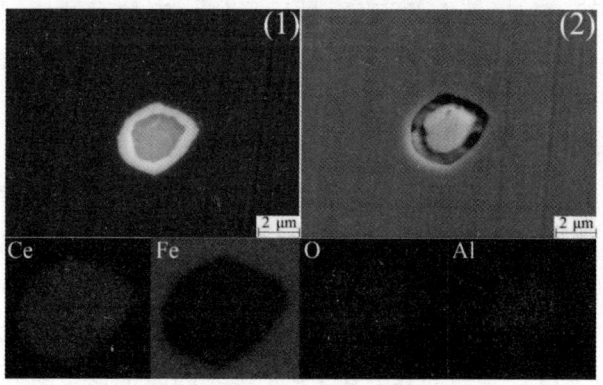

（c）Ce₂O₃–CeAlO₃ 复合夹杂物腐蚀形貌 1

图 6.4　3# 试验钢中夹杂物腐蚀形貌

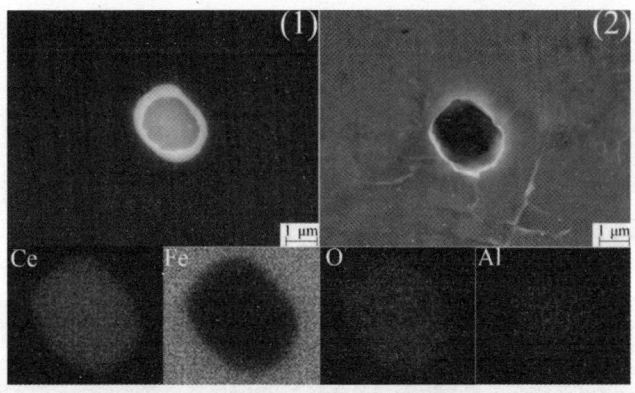

（d）Ce$_2$O$_3$–CeAlO$_3$ 复合夹杂物腐蚀形貌 2

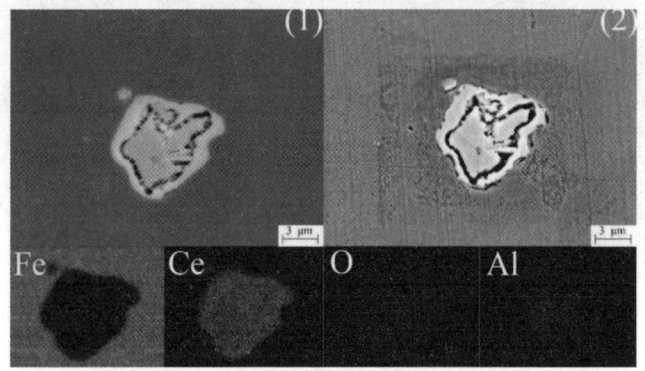

（e）Ce$_2$O$_3$–CeAlO$_3$ 复合夹杂物腐蚀形貌

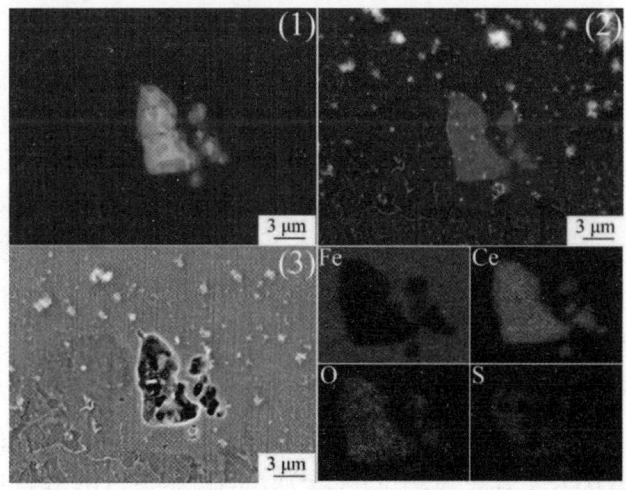

（f）Ce$_2$O$_3$–Ce$_2$O$_2$S 复合夹杂物腐蚀形貌

图 6.4 （续）

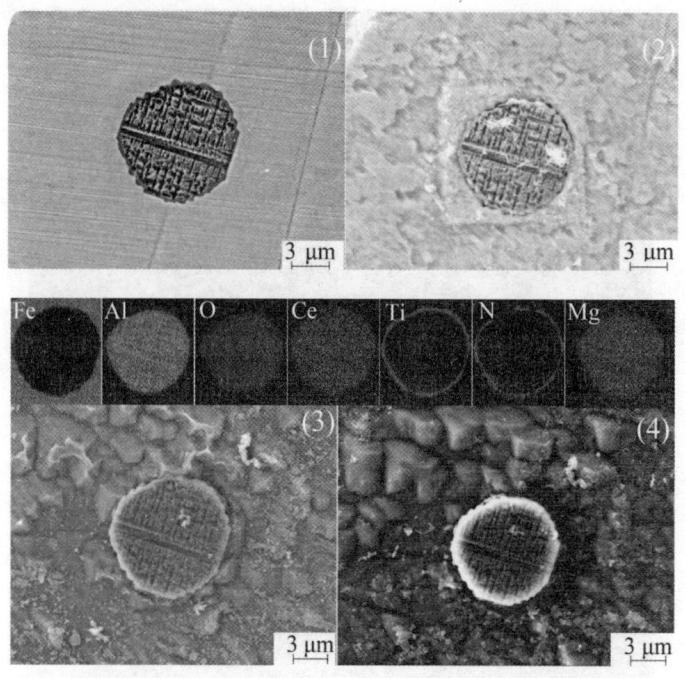

（g）Ce$_2$O$_3$–Ce$_2$O$_2$S 复合夹杂物

图 6.4 （续）

6.3.3 夹杂物微区电化学信息分析

1. 夹杂物与钢基体表面电化学特征

Jin 等人认为夹杂物与钢基体之间的电化学效应可能是引起点蚀的主要机制，然而，刘超等人的研究结果显示，Al$_2$O$_3$ 夹杂物与钢基体之间不可能形成电偶腐蚀。为了确认夹杂物与钢基体是否能够形成微电偶腐蚀，借助 AFM 中的 SKPFM 和 C–AFM 分别测试夹杂物与钢基体之间的电势差以及夹杂物的导电性。

图 6.5 所示为 TiN–Al$_2$O$_3$ 复合夹杂物的 SKPFM 和 C–AFM 测试结果，图 6.5（a）为 FE–SEM 形貌及元素分布图，由图可确定该夹杂物为 TiN 和 Al$_2$O$_3$ 复合夹杂，中心区域为 Al$_2$O$_3$ 夹杂，TiN 在其边缘析出。图 6.5（b）$_{(1)}$ 为 AFM 对夹杂物局部区域观测的表面形貌图，图 6.5（b）$_{(2)}$ 为相应区域的振幅误差图像，图 6.5（b）$_{(3)}$ 为表面电势分布图，图 6.5

（b）$_{(4)}$为表面电流敏感分布图，图 6.5（c）为图 6.5（b）$_{(1)}$、（b）$_{(3)}$、（b）$_{(4)}$中选定画线区域的形貌、电势及电流测试结果。结合图 6.5（b）$_{(1)}$和图 6.5（c）中线 1 的分析结果发现，试样中的夹杂物较钢基体"凸出"，该夹杂物边缘 TiN 的表面高度要高于钢基体 35 nm ± 10 nm，中心 Al_2O_3 夹杂物的表面高度要高于钢基体 20 nm ± 5 nm。AFM 观测到夹杂物表面高度由大至小依次为 TiN>Al_2O_3>钢基体。这是由于 TiN 和 Al_2O_3 夹杂物都属于高硬度、高脆性夹杂物，比钢基体的硬度高，抛光时夹杂物周围相对较软的钢基体被抛掉，因此在 AFM 观测下呈现出 TiN、Al_2O_3 夹杂物和钢基体的表面粗糙度不同。4.4 节夹杂物硬度的计算结果显示，TiN 夹杂物的硬度最大，Al_2O_3 夹杂物次之，钢基体的硬度最低，这与 AFM 形貌分析结果相吻合，也验证了第一性原理计算方法的准确性与可靠性。结合图 6.5（b）$_{(3)}$和图 6.5（c）中线 2 的分析结果发现，TiN–Al_2O_3 复合夹杂物中心和边缘部位的电位之间存在明显的差异。与钢基体的表面电势相比，中心 Al_2O_3 的表面电势高（大约高 35 mV），而边缘 TiN 的表面电势低（大约低 20 mV），较低的电位意味着较低的稳定性，与 Al_2O_3 夹杂物相比，周围钢基体具有较高的腐蚀倾向，这说明 Al_2O_3 夹杂物的存在会增大腐蚀的发生风险。从图 6.5（b）$_{(4)}$和图 6.5（c）中线 3 的分析结果发现，钢基体的电流约为 12.2 nA，中心 Al_2O_3 夹杂物的电流几乎为 0，而 TiN 与钢基体的电流基本没有差别，这说明钢中 Al_2O_3 夹杂物为绝缘体，而 TiN 为导体。因此，可断定 Al_2O_3 夹杂物与周围钢基体不可能形成腐蚀电偶，而 TiN 与周围钢基体能够形成腐蚀电偶。

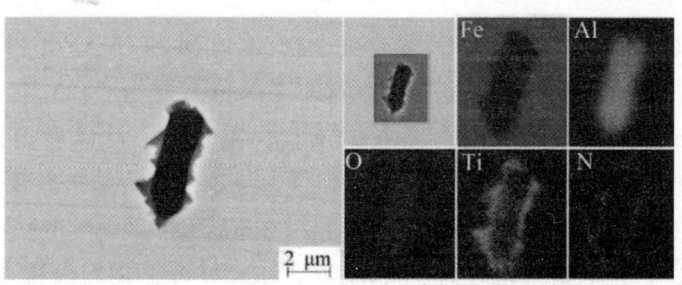

（a）TiN–Al_2O_3 复合夹杂物的 FE–SEM 形貌和元素分布图

图 6.5　1# 试验钢中 TiN–Al_2O_3 复合夹杂物的 SKPFM 和 C–AFM 测试结果

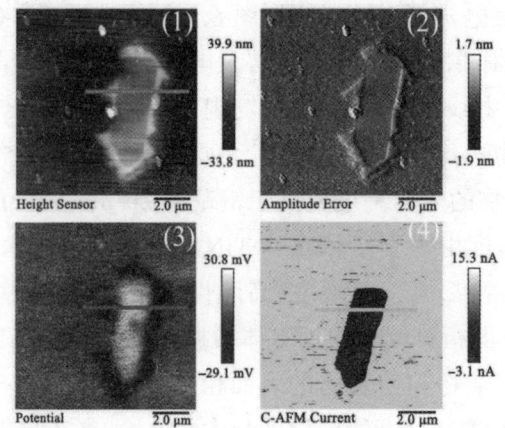

（b）AFM 表面形貌图（1）、振幅误差（2）、表面电势分布图（3）和表面电流敏感分布
图（4）

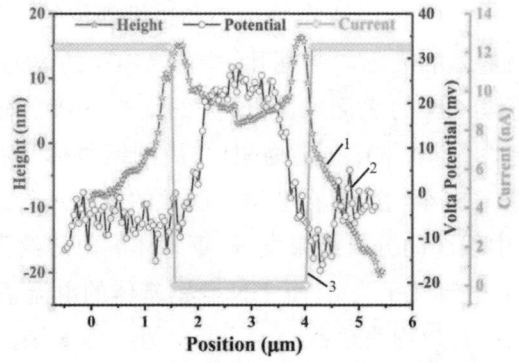

（c）在图（b）$_{(1)}$、（b）$_{(3)}$、（b）$_{(4)}$ 中选定画线区域形貌、电势和电流测试结果

图 6.5 （续）

图 6.6 为 Ce_2O_3–$CeAlO_3$ 复合夹杂物 SKPFM 和 C–AFM 测试结果。由图 6.6（a）可见，该复合夹杂物的外壳部分主要为 Ce_2O_3 夹杂物，内核为 $CeAlO_3$ 夹杂物。结合图 6.6（b）$_{(1)}$ 和（b）$_{(2)}$ 可以看出，该复合夹杂物"凹进"钢基体中；从图 6.6（c）中线 1 的分析结果发现，该复合夹杂物的表面高度要低于钢基体 20 nm ± 5 nm；结合图 6.6（b）$_3$ 和图 6.6（c）中线 2 分析结果可发现，Ce_2O_3–$CeAlO_3$ 复合夹杂物内核和外壳部位的电势明显不同。外壳部位的 Ce_2O_3 的表面电势明显高于钢基体，大约高了 75 mV ~ 100 mV，而内核部位的 $CeAlO_3$ 夹杂物的表面电势较钢基体大约低了 25 mV。结合图 6.6（b）$_{(4)}$ 和图 6.6（c）中线 3 的分

析结果发现,钢基体的电流约为 12.5 nA,而 Ce_2O_3–$CeAlO_3$ 复合夹杂物的电流几乎为 0,这说明钢中生成的 Ce_2O_3–$CeAlO_3$ 夹杂物为绝缘体,因此,Ce_2O_3–$CeAlO_3$ 复合夹杂物无法与周围钢基体形成腐蚀电偶。

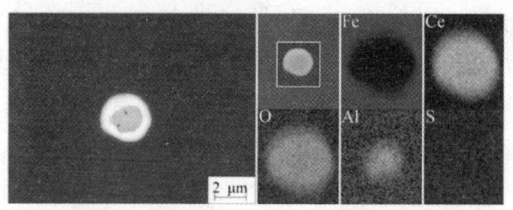

（a）Ce_2O_3–$CeAlO_3$ 的 FE–SEM 形貌和元素分布图

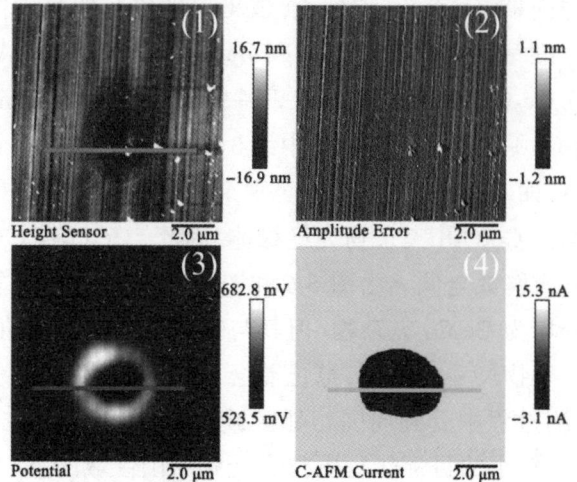

（b）AFM 表面形貌图（1）、振幅误差（2）、表面电势分布图（3）和表面电流敏感分布图（4）

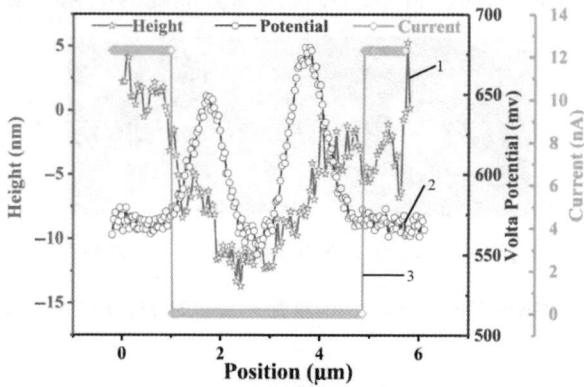

（c）在图（b）(1)、（b）(3)、（b）(4) 中选定画线区域形貌、电势和电流测试结果

图 6.6　3# 试验钢中 Ce_2O_3–$CeAlO_3$ 复合夹杂物的 SKPFM 和 C–AFM 测试结果

　　图 6.7 所示为 Ce_2O_3–Ce_2O_2S 复合夹杂物的 SKPFM 和 C–AFM 测试结果。由图 6.7（a）可见，该复合夹杂物外壳部分为 Ce_2O_3 夹杂物，中心为 Ce_2O_2S 夹杂物，Ce_2O_3 夹杂物将 Ce_2O_2S 夹杂物完全包裹。结合图 6.7（b）$_{(1)}$ 和（b）$_{(2)}$ 可以看出，该复合夹杂物外壳部分 Ce_2O_3 夹杂物的表面高度要明显高于钢基体。结合图 6.7(c) 中线 1 的分析结果发现，该夹杂物外壳 Ce_2O_3 部分的表面高度要高于钢基体 10 nm ± 2 nm，而中心 Ce_2O_2S 夹杂物的表面高度要低于钢基体 3 nm ± 1 nm。这可能是由于稀土硫化物的稳定性较差，导致其在抛光后形成了轻微的凹陷。结合图 6.7（b）$_{(3)}$ 和图 6.7（c）中线 2 的分析结果发现，Ce_2O_3–Ce_2O_2S 复合夹杂物内核（Ce_2O_2S）和外壳（Ce_2O_3）的电势明显不同。外壳部位 Ce_2O_3 夹杂物的表面电势要明显高于钢基体，大约高了 15 mV ~ 27.5 mV，而内核部位 Ce_2O_2S 的表面电势较钢基体大约低了 17.5 mV ~ 25 mV。结合图 6.8（b）$_{(4)}$ 和图 6.8（c）中线 3 的分析结果发现，钢基体的电流约为 1.0 nA，而 Ce_2O_3–Ce_2O_2S 复合夹杂物的电流几乎为 0，这说明钢中生成的 Ce_2O_3–Ce_2O_2S 夹杂物为绝缘体，因此，Ce_2O_3–Ce_2O_2S 无法与周围钢基体形成腐蚀电偶。由图 6.6 和图 6.7 可知，这两类复合夹杂物中的外壳部分均为 Ce_2O_3 夹杂物，但其与钢基体的电势差值不完全相同。这是因为夹杂物尺寸的不同，电位差会出现不同程度的波动，夹杂物尺寸越小，检测过程中受到周围相邻区域的影响就越大，在 SKPFM 检测过程中，尺寸较小的目标伏特电位会受到周围区域的影响，夹杂物边界的测量结果实际为该边界区域的平均值。因此，需对单一 Ce_2O_3 夹杂物进行 AFM 测试，以便获得 Ce_2O_3 夹杂物更准确的电化学表面信息。

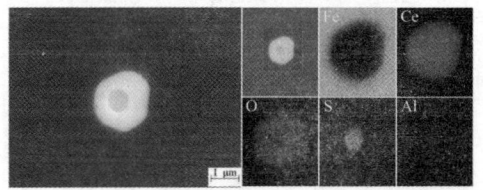

（a）Ce_2O_3–Ce_2O_2S 的 FE–SEM 形貌和元素分布图

图 6.7　3# 试验钢中 Ce_2O_3–Ce_2O_2S 复合夹杂物的 SKPFM 和 C–AFM 测试结果

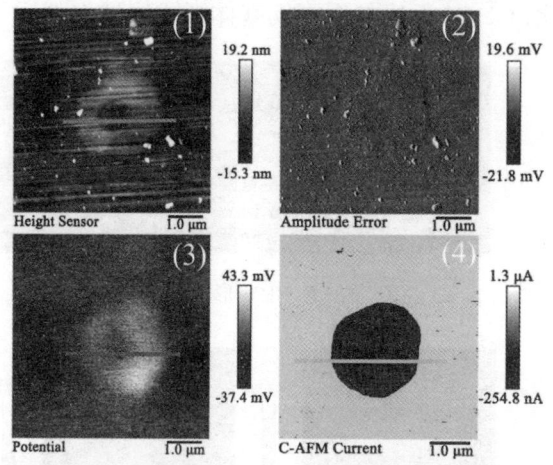

（b）AFM 表面形貌图（1）、振幅误差（2）、表面电势分布图
（3）和表面电流敏感分布图（4）

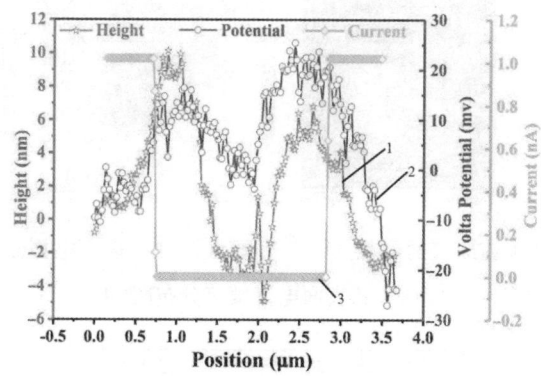

（c）在图（b）$_{(1)}$、（b）$_{(3)}$、（b）$_{(4)}$ 中选定画线区域形貌、电势和电流测试结果

图 6.7　（续）

　　图 6.8 为 Ce_2O_3 夹杂物的 SKPFM 和 C-AFM 测试结果。图 6.8（a）为 Ce_2O_3 夹杂物的 FE-SEM 形貌及元素分布图。结合图 6.8（b）$_{(1)}$ 和（b）$_{(2)}$ 可以看出，Ce_2O_3 夹杂物的表面高度要明显高于钢基体；再结合图 6.8（c）中线 1 的分析结果发现，Ce_2O_3 夹杂物的表面高度要高于钢基体 12 nm ~ 18 nm；结合图 6.8（b）$_{(3)}$ 和图 6.8（c）中线 2 的分析结果发现，Ce_2O_3 夹杂物的表面电势要明显高于钢基体，大约高 120 mV ~ 170 mV；结合图 6.8（b）$_{(4)}$ 和图 6.8（c）中线 3 的分析结果发现，钢基体的电流约为 1.0 nA，而 Ce_2O_3 夹杂物的电流几乎为 0，这说明 Ce_2O_3 夹杂物为

绝缘体,因此,Ce_2O_3 无法与周围钢基体形成腐蚀电偶。

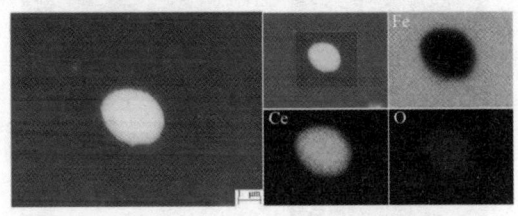

(a)Ce_2O_3 的 FE–SEM 形貌和元素分布图

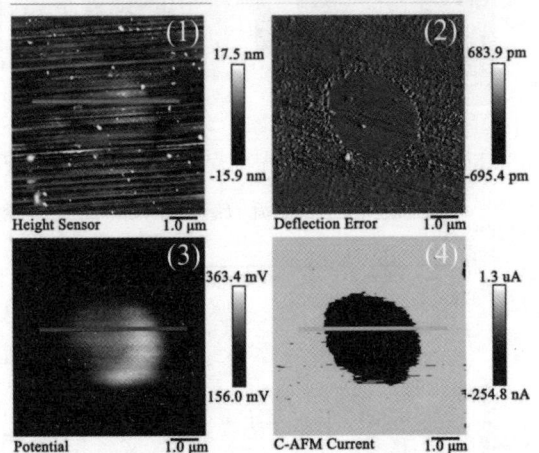

(b)AFM 表面形貌图(1)、振幅误差(2)、表面电势分布图
(3)和表面电流敏感分布图(4)

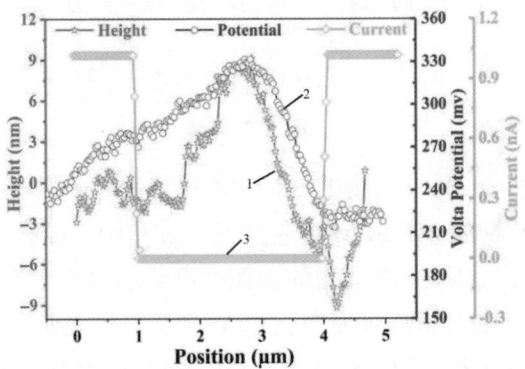

(c)在图(b)$_{(1)}$、(b)$_{(3)}$、(b)$_{(4)}$中选定画线区域形貌、电势和电流测试结果

图 6.8　3# 试验钢中 Ce_2O_3 复合夹杂物的 SKPFM 和 C–AFM 测试结果

　　综上所述，Ce_2O_3 夹杂物的表面电势高于钢基体，Ce_2O_2S 和 $CeAlO_3$ 夹杂物的表面电势低于钢基体。假设夹杂物与钢基体之间形成微电偶腐蚀的情况下，单一夹杂物 Ce_2O_3 与周围钢基体构成微电偶腐蚀，Ce_2O_3 夹杂物电势高，充当阴极；钢基体电势较低，充当阳极，钢基体会发生溶解反应。但是由 6.3.3 节 Ce_2O_3 夹杂物的腐蚀行为可知，钢基体并没有发生溶解，而 Ce_2O_3 夹杂物发生了溶解，这与 SKPFM 的研究结果相互矛盾。两种材料能够形成电偶腐蚀的前提条件是两种材料均能够导电。由 C–AFM 测试结果可知，Ce_2O_3 夹杂物为绝缘体，Ce_2O_3 夹杂物与钢基体之间不能形成微电偶腐蚀。Ce_2O_2S 和 $CeAlO_3$ 夹杂物的电势比钢基体要低，充当阳极，发生溶解反应，这似乎与 6.3.3 节中 Ce_2O_2S 和 $CeAlO_3$ 的腐蚀行为相吻合，但 Ce_2O_2S 和 $CeAlO_3$ 夹杂物为绝缘体，不导电，不能形成腐蚀电偶。因此，这三类 Ce 夹杂物（Ce_2O_3、Ce_2O_2S、$CeAlO_3$）的腐蚀行为均不能用微电偶腐蚀的理论来解释。夹杂物表面电势的高低不是夹杂物诱发腐蚀行为的重要因素，那么造成其溶解的原因又是什么？通过现有实验分析手段尚不能够解答这一系列的腐蚀内在机制问题，因此开展理论模拟计算研究成为行之有效的方法。

　　（2）夹杂物周围钢基体应力集中测试分析

　　晶格畸变属于塑性应变，常表现为一种残余应力。塑性应变促使夹杂物与钢基体的界面处产生新的位错，移动位错密度增大，则容易形成高密度晶格畸变区。基于 Gutman 的机械 – 电化学理论，在阴极 / 阳极反应中，机械变形会导致电化学非均质和面积比的重新分布。在施加应力或应变的情况下，增大塑性应变，会减小电极电位，即塑性应变与该区域的电化学活性正相关，塑性应变越大，该区域的电化学活性越高。因此，高密度晶格畸变区即高能活化区，这些高能活化区在腐蚀过程中极易发生溶解，特别是伴随裂纹形成时，会显著增大钢的腐蚀倾向。

　　EBSD 技术可表征夹杂物周围钢基体的晶格畸变程度。KAM（kernel average misorientation）图描绘了局部位错的分布情况，是中心像素区域与其周围相邻区域的平均位错，可代表局部晶格扭转的程度，并定性度量该区域的塑性变形程度。在 KAM 图中，晶格畸变程度按蓝、绿、黄、红色依次增强。

　　图 6.9 所示为 1# 试验钢中典型夹杂物的 EBSD 测试结果。从图 6.9

（a）$_{(1)}$FE–SEM 形貌图和元素分布图可知，该夹杂物为 Al_2O_3 夹杂物。图 6.9（a）$_{(3)}$ 为 Al_2O_3 夹杂物附近区域的 KAM 图。从 KAM 图可以看出，Al_2O_3 周围存在大量区域，说明与 Al_2O_3 接触的钢基体存在明显的高密度的晶格畸变（应力集中）区。在腐蚀过程中，这个区域的活性很高，容易发生溶解 [（如图 6.3（a）$_{(2)}$ 中虚线椭圆标注区域）]。这可用于解释为什么在腐蚀过程中与 Al_2O_3 夹杂物接触的钢基体优先溶解。从图 6.9（b）$_{(1)}$FE–SEM 形貌图和元素分布图可知，该夹杂物为 TiN。图 6.9（b）$_{(3)}$显示，TiN 夹杂物周围有淡灰色区域，说明与 TiN 接触的钢基体存在高密度晶格畸变区，但与 Al_2O_3 夹杂物相比，其周围的晶格畸变程度明显较弱。在腐蚀过程中，此处的钢基体也容易发生溶解，例如，图 6.3（b）$_{(2)}$中虚线椭圆标注的①和②区域，与 TiN 夹杂物接触的区域优先形成细微的孔洞。

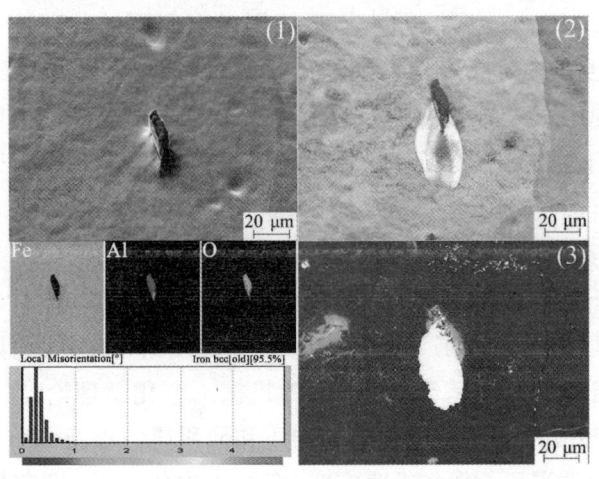

（a）Al_2O_3 的 FE–SEM 形貌图（1）、带对比度图（2）和目标区域 KAM 图（3）

图 6.9　1# 试验钢中夹杂物 EBSD 检测结果

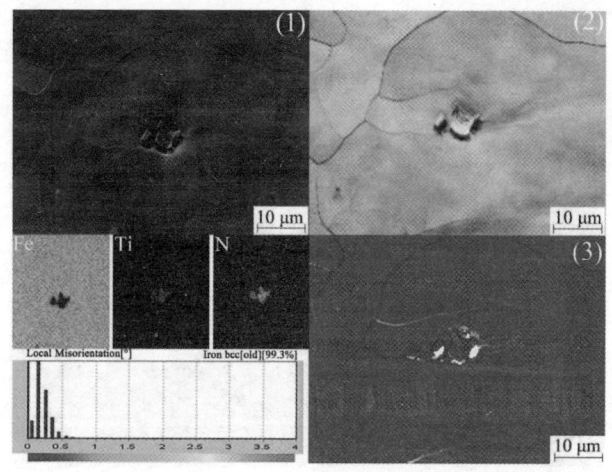

（b）TiN 的 FE–SEM 形貌图（1）、带对比度图（2）和目标区域 KAM 图（3）

图 6.9　（续）

在 1# 试验钢中，Al_2O_3 和 TiN 夹杂物周围的钢基体存在明显的晶格畸变区，此处的钢基体活性高，位错密度大，在腐蚀过程中容易优先发生溶解反应。造成 Al_2O_3 夹杂物周围的钢基体形成晶格畸变区的原因主要有以下两点：一是，Al_2O_3 夹杂物的晶体类型为三方晶系，钢基体的晶体类型为立方晶系，两者晶体结构不同，不能形成共格或者半共格界面，因此，两者之间所形成的界面能很高，稳定性很差；二是，Al_2O_3 夹杂物与钢基体的热膨胀系数差异很大，导致了热处理过程中两者界面处产生很大的内应力。而 TiN 夹杂物周围的钢基体存在晶格畸变区，主要是由其与钢基体的热膨胀性差异较大造成的（4.4 节已对 Al_2O_3、TiN 以及 Fe 的热膨胀系数进行了计算）。

图 6.10 和图 6.11 为 3# 试验钢中的典型夹杂物的 EBSD 测试结果。由图 6.10（a）$_{(1)}$ 和 6.10（b）$_{(1)}$FE–SEM 形貌图和元素分布图可知，夹杂物分别为 Ce_2O_3 和 Ce_2O_2S，又从图 6.10（a）$_{(3)}$ 和图 6.10（b）$_{(3)}$ 可以看出，Ce_2O_3 和 Ce_2O_2S 夹杂物周围的钢基体均不存在明显的高密度晶格畸变区；由图 6.11（a）可知，该复合夹杂物为 Ce_2O_3–$CeAlO_3$，图 6.11（c）显示 Ce_2O_3–$CeAlO_3$ 复合夹杂物周围的钢基体也不存在明显的高密度晶格畸变区。由此可见，Ce 夹杂物周围的钢基体相对稳定，没有明显的腐蚀倾向，这与 6.3.3 节中观测到的 Ce_2O_3、Ce_2O_2S 和 $CeAlO_3$ 三类 Ce 夹杂物周围的钢基体没有溶解（图 6.4）的实验现象相吻合。

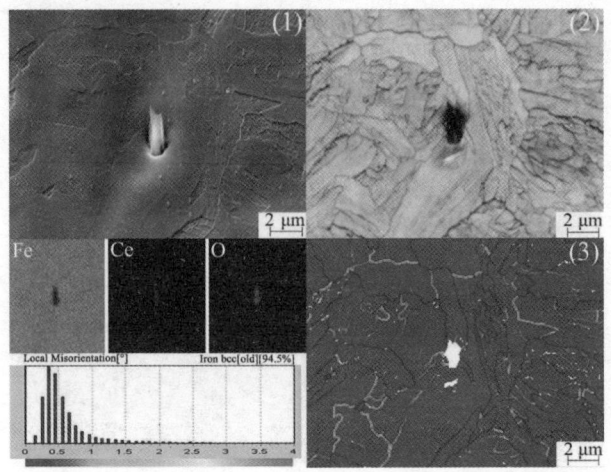

（a）Ce_2O_3 的 FE-SEM 形貌图（1）、带对比度图（2）和目标区域 KAM 图（3）

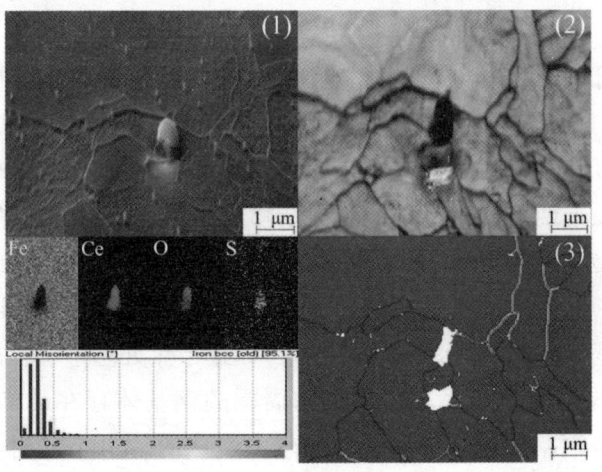

（b）Ce_2O_2S 的 FE-SEM 形貌图（1）、带对比度图（2）和目标区域 KAM 图（3）

图 6.10　3# 试验钢中的夹杂物的 EBSD 检测结果

在 4.3 节中，计算了 Ce_2O_3、Ce_2O_2S 和 $CeAlO_3$ 这三类 Ce 夹杂物的弹性模量和热膨胀系数，发现与 Al_2O_3 和 TiN 夹杂物相比，这三类 Ce 夹杂物的弹性模量和热膨胀系数与 Fe 基体的相差不大，在一定程度上保持了 Fe 基体的一致性，在轧制过程中降低了产生缝隙和晶格畸变的可能，使得周围的钢基体不易产生明显的应力集中。同时，这三类 Ce 夹杂物的硬度较低，形变系数较高，这与 Miki 和 Sinha 等人报道的研究结果 [稀土的加入使夹杂物软化，并生成 $(RE)_2O_2S$-$(RE)_xS_y$ 和（RE）

AlO_3 等夹杂物]相一致。Ce_2O_3、Ce_2O_2S 和 $CeAlO_3$ 夹杂物周围钢基体几乎不存在晶格畸变,主要是因为 Ce_2O_3、Ce_2O_2S 和 $CeAlO_3$ 夹杂物与钢基体的热膨胀系数相差不大,在塑性变形中,Ce 夹杂物与钢基体的变形速度一致性较好。

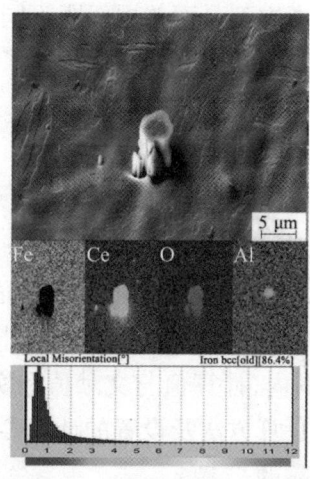

(a)Ce_2O_3–$CeAlO_3$ 的 FE–SEM 形貌图

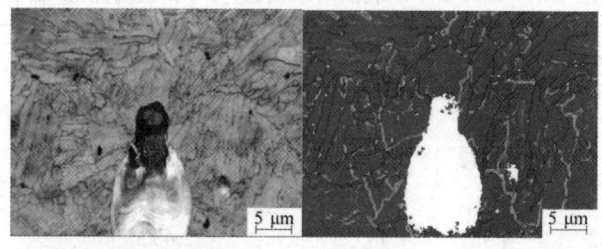

(b)带对比度图　　　　　(c)目标区域 KAM 图

图 6.11　3# 试验钢中的 Ce_2O_3–$CeAlO_3$ 复合夹杂的 EBSD 检测结果

综上所述,Al_2O_3 和 TiN 夹杂物的硬度较高、形状有棱有角,在外应力作用下,易导致夹杂物周围产生应力集中,使其成为微裂纹的敏感位置。微裂纹也是诱发腐蚀的重要因素。Al_2O_3 和 TiN 夹杂物极易提高点蚀的起源显著恶化钢的耐蚀性。相比之下,Ce_2O_3、Ce_2O_2S 和 $CeAlO_3$ 夹杂物硬度较小、塑性较好,其弹性模量与钢基体相差较小;且形状多为球形,尺寸大多数在 1 ~ 3 μm。在外应力作用下,Ce 夹杂物能够有效减轻应力集中现象,同时减缓微裂纹的萌生,两方面共同作用改善钢基体的稳定性,有效延缓点蚀的萌生,提高钢的耐蚀性。

6.3.4　夹杂物功函数计算

腐蚀通常在某一晶体表面上优先发生,然而在腐蚀性环境下暴露表面的测定是困难的。因此,本节通过模拟计算的方式研究夹杂物与 Fe 基体表面的腐蚀行为。考虑到晶面的层间距不同,因此,对 Al_2O_3、TiN、Ce_2O_3、Ce_2O_2S、$CeAlO_3$ 夹杂物和 Fe 基体构建了不同终端的表面,在构建层状平板表面模型时,添加了 2 nm 的真空层,避免相邻原子层之间产生相互作用。

首先对 α–Fe 不同低指数晶面的功函数及表面能进行计算,计算结果见表 6.1 所列。从表 6.1 可以看出,α–Fe 表面功函数的数值在 4.357 ~ 5.188 eV,本次计算值与文献值和实验值相差不大,基本吻合。另外,对于 α–Fe(100)、(110)、(111)三个不同的表面,其表面能在 2.428 ~ 2.692 J/m² 范围内,计算值与文献值和实验值也基本吻合。这证明本次计算所选取的计算方法及设置的计算参数是合理有效的,后续的计算结果应是有效可靠的。

表 6.1　α–Fe 不同表面的功函数(Φ)和表面能(E_{Surf})

Surface	Terminated plan	Φ(eV)			E_{Surf}(J/m²)		
		Present	DFT[1]	Expt.[2]	Present	DFT[3,4]	Expt.[5]
100	1	4.452	4.54	4.67	2.501	2.463 2.470	2.41
	2	4.357	4.54		2.497	2.429 2.470	
110	1	4.710	5.12	4.50	2.428	2.645 2.370	2.41
	2	4.711	5.12		2.403	2.679 2.370	
111	1	4.480	4.32	4.81	2.692	2.604 2.697	2.41
	2	4.483	4.32		2.685	2.604 2.697	
	3	4.516	4.32		2.679	2.605 2.697	

从表 6.1 可以看出,Fe(110)面的表面能 E_{Surf} 最小,表明 Fe(110)

面最稳定,即成为暴露面的概率最高。因此选择 Fe(110)面的功函数(Φ_{Fe}=4.711 eV)作为参考值,用于比较 Fe 基体与夹杂物的功函数大小,以此表征 Fe 基体与夹杂物的腐蚀倾向。

夹杂物与钢基体之间的内在电势差(ΔU)可用计算为

$$\Delta U = \Phi_{incl} - \Phi_{Fe} \tag{6.1}$$

Φ_{incl} 和 Φ_{Fe} 分别表示夹杂物和 Fe 基体的功函数。选取最小表面能的 Fe(110)面的功函数(Φ_{Fe}=4.711 eV)作为参考值,通过式(6.1)可计算出各类不同晶面夹杂物和 Fe 基体之间的电势差,计算结果如图 6.12 所示。

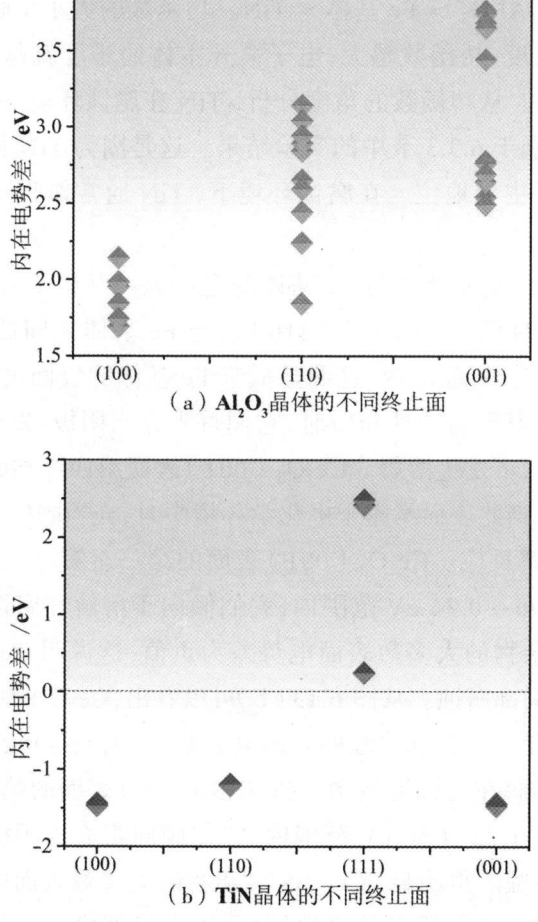

（a）Al_2O_3晶体的不同终止面

（b）TiN晶体的不同终止面

图 6.12　Al_2O_3 和 TiN 夹杂物与 Fe 基体的电位差

从图 6.12（a）可以看出，Al_2O_3（100）、（110）、（001）表面与 Fe 基体的电势差均为正值，这说明 Al_2O_3（100）、（110）、（001）表面功函数明显高于 Fe 基体。因此，当这些表面暴露在腐蚀性介质中时，它们作为阴极，而铁基体为阳极，发生溶解。从图 6.12（b）可以看出，TiN（100）、（110）、（001）三个表面与 Fe 基体的电势差为负值，这说明其表面的功函数比 Fe 基体低，在腐蚀介质中会优先溶解。TiN（111）的第一终端面与 Fe 基体的电势差约为 2.07 eV，当此表面暴露于电化学环境中时，它倾向于充当阴极，促进 Fe 基体腐蚀的发生。TiN（111）的第二终端面与 Fe 基体的电势差约为 –0.11 eV，当此表面暴露于电化学环境中时，它对腐蚀的影响很小。综上所述，Al_2O_3、TiN 夹杂物和 Fe 基体的功函数大小顺序为 Al_2O_3 > Fe 基体 > TiN。功函数的大小反映了电子在材料中束缚的强度，功函数越大，电子离开本体的难度就越大，则材料越不容易被腐蚀。从功函数的角度分析，TiN 在腐蚀环境下，有较大的腐蚀倾向，但有别于 6.3.3 节中的实验结果。这是因为 TiN 良好的电化学稳定性占据了主导地位。在腐蚀环境下，TiN 通常作为阴极被保护未溶解。

图 6.13 为 Ce 夹杂物与 Fe 基体的电势差。从图 6.13（a）可以看出，不同终端的 Ce_2O_3（100）、（110）面与 Fe 基体之间的表面电势差在 –2.54~–1.61 eV 范围内，这明显低于 Fe 基体的表面电势差。因此，当这些平面暴露于腐蚀性介质时，它们首先充当阳极，发生溶解，而 Fe 基充充当阴极，不发生溶解。Ce_2O_3（001）表面第四终端的表面电势差约为 1.38 eV，当此表面暴露于电化学环境中时，充当阴极，Fe 基体充当阳极，发生溶解反应。Ce_2O_3（001）表面的第一至第三、五终端的表面电势差在 –1.96~–0.74 eV 范围内，它们倾向于溶解在腐蚀溶液中。显然，Ce_2O_3 夹杂物的大多数表面电势差为负值，这说明 Ce_2O_3 易发生溶解反应，导致局部腐蚀。从图 6.13（b）可以看出，Ce_2O_2S（100）、（110）、（001）表面的第一、三、四终端的表面电势差在 –3.34~–0.24 eV 范围内，它们倾向于溶解在腐蚀溶液中。Ce_2O_2S（001）表面的第二、五终端的表面电势差在 1.22~4.36 eV 范围内，它们倾向于充当阴极，Fe 基体作为阳极优先腐蚀。很明显，Ce_2O_2S 夹杂物的大多数表面电势差也为负值，这说明 Ce_2O_2S 有明显的腐蚀倾向，诱发局部腐蚀。从图 6.13（c）可以看出，$CeAlO_3$（100）表面的第八、九终端，（110）表面的第三、五

终端,（001）表面的第五终端的表面电势差在 0.54~1.48 eV 的范围内,它们倾向于充当阴极,Fe 基体作为阳极,促进腐蚀的发生。CeAlO₃（100）表面的第一、三至第七、十终端,（110）表面的第二、四、六终端,（001）表面的第一、六终端的表面电势差约在 −3.02~−0.95 eV 的范围内,它们倾向于溶解在腐蚀溶液中。

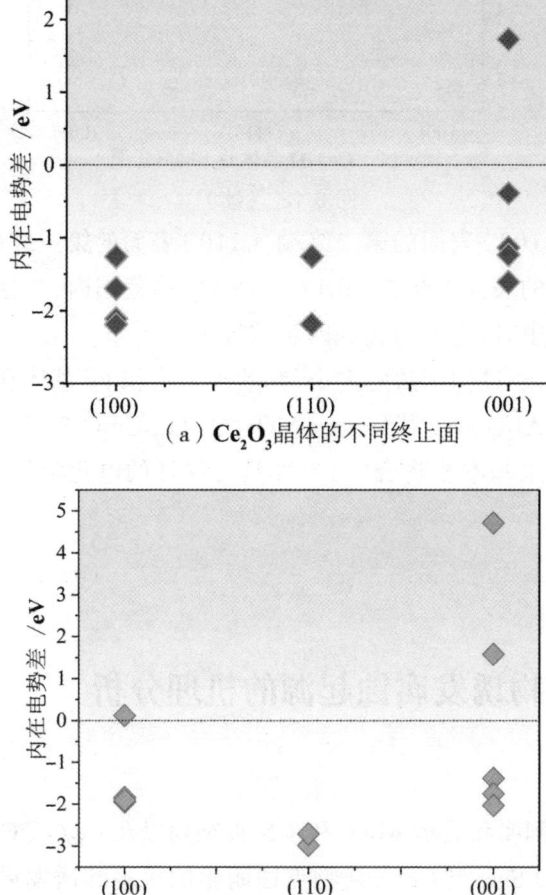

（a）**Ce₂O₃**晶体的不同终止面

（b）**Ce₂O₂S**晶体的不同终止面

图 6.13　Ce 夹杂物与钢基体的电势差

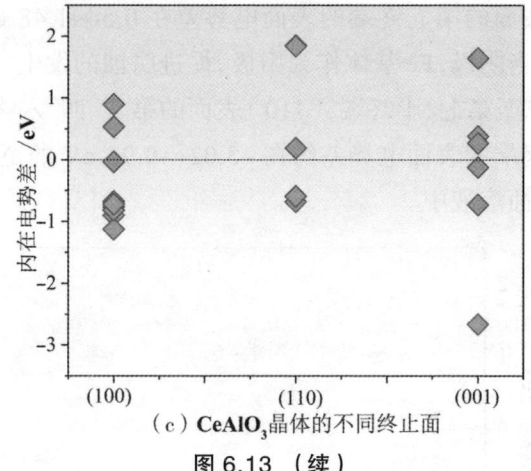

（c）**CeAlO$_3$晶体的不同终止面**

图 6.13 （续）

CeAlO$_3$（100）表面的第二终端,（110）表面的第三终端,（001）表面的第二终端的表面电势在 –0.17~0.18 eV 的范围内,当这些平面暴露于电化学环境中时,它们对腐蚀的影响很小。

综上所述,通过功函数的大小,判断夹杂物和 Fe 基体在腐蚀溶液中的溶解倾向: Al$_2$O$_3$<Fe 基体 <CeAlO$_3$<Ce$_2$O$_3$<Ce$_2$O$_2$S,该顺序与 6.3.3 节中的实验结果基本相吻合（因 TiN 具有良好的电化学稳定性,未将其进行比较）。

6.4　夹杂物诱发腐蚀起源的机理分析

本节旨在阐明和展示 Al$_2$O$_3$ 和 TiN 夹杂物以及 Ce$_2$O$_3$、Ce$_2$O$_3$–CeAlO$_3$ 和 Ce$_2$O$_3$–Ce$_2$O$_2$S 三类 Ce 夹杂物点蚀萌生的机理和诱发局部腐蚀的过程。腐蚀机理示意图如图 6.14 ~ 图 6.18 所示。

由 C–AFM 测试结果可知, Al$_2$O$_3$ 夹杂物不导电,其本身为绝缘体,因此其与钢基体不能形成微电偶腐蚀。在 Cl$^-$ 腐蚀环境下, Cl$^-$ 容易侵蚀 Al$_2$O$_3$ 夹杂物的棱角处,此处 Al$_2$O$_3$ 夹杂物与钢基体接触不紧密,多有微缝隙产生,原因是 Al$_2$O$_3$ 夹杂物与钢基体的热膨胀系数差异很大,这在第 4 章中已得到证实,并且 Al$_2$O$_3$ 为硬质夹杂,在服役过程（受力）中,钢基体和夹杂物之间发生的非均匀形变会导致夹杂物周围产生微裂纹。

Al_2O_3 夹杂物诱发腐蚀过程如图 6.14 所示，Cl^- 或者侵蚀性溶液进入微缝隙，会腐蚀钢基体，形成缝隙腐蚀，如图 6.14（a）所示。由图 6.9（a）$_{(3)}$ 中的 KAM 图可知，Al_2O_3 夹杂物周围的钢基体存在明显的应力集中区，即 Al_2O_3 与钢基体的交界处存在明显的晶格畸变区。此处的钢基体电化学活性较高，易发生水解反应。虽然 Al_2O_3 与周围的钢基体无法构成腐蚀电偶对，但 Al_2O_3 夹杂物周围的高密度晶格畸变区的钢基体与非畸变区的钢基体形成了微电偶腐蚀。高密度晶格畸变区的钢基体充当阳极，非晶格畸变区的钢基体暂时充当阴极，发生电化学反应。随着腐蚀的进行，图 6.14（a）中的高密度晶格畸变区的钢基体发生了阳极溶解反应。同时，夹杂物上面生成了少量的腐蚀产物，并在其上方堆积，如图 6.14（b）所示。当晶格畸变区的钢基体全部溶解后，腐蚀产物的堆积导致蚀坑内外物质交换困难，坑内 O_2 浓度下降，而坑外富氧，形成氧浓度差电池，使得坑内钢基体不断离子化，Fe^{2+} 浓度不断增加。为了保持坑内溶液的电中性，坑外 Cl^- 向孔内迁移，并与 Fe^{2+} 形成可溶性盐。坑内 Cl– 浓度不断升高，加速金属离子发生水解反应：$Fe^{2+}+2H_2O \rightarrow Fe(OH)_2+2H^+$，如图 6.14（c）所示。随着时间的推移，$H^+$ 浓度逐渐升高，pH 值下降，坑内严重酸化，最后形成封闭酸化自催化电池，加速了蚀坑内钢基体的溶解速度，使蚀坑不断向纵深发展，最后形成较深的点蚀坑，如图 6.14（d）所示。

在腐蚀发展的过程，在闭塞区的自腐蚀电流和阳极极化电流共同作用下，蚀孔不断生长，促进了腐蚀的进一步发展。腐蚀坑内的严重酸化将导致 Al_2O_3 夹杂物发生溶解反应，这与 M. A. Baker 和刘超等人的研究结果相一致。所以，在腐蚀形貌的观测过程中，发现有的腐蚀坑内没有 Al_2O_3 夹杂物，这是由于 Al_2O_3 夹杂物完全溶解或脱离了钢基体。

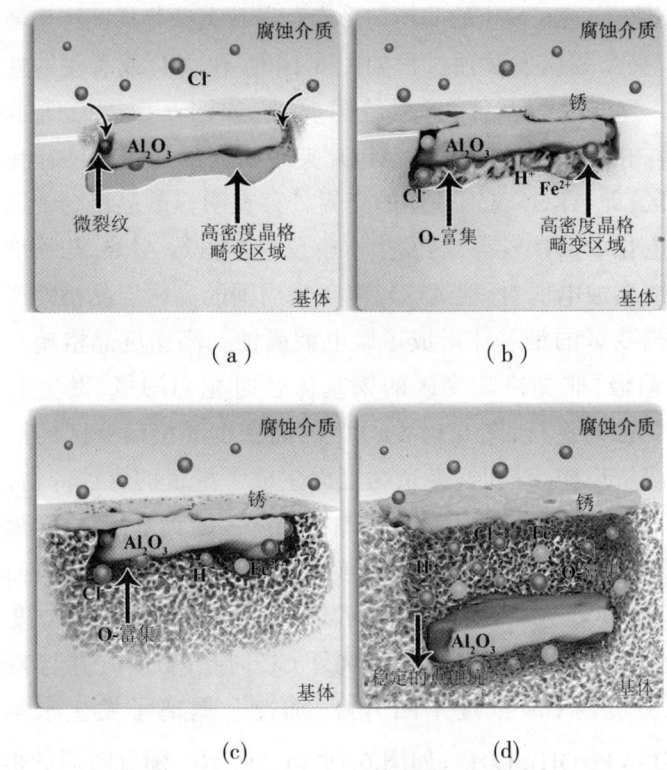

图 6.14　Al₂O₃ 夹杂物诱发点蚀萌生和扩展示意图

　　根据 C–AFM 测试结果可知，TiN 夹杂物导电，能够与钢基体之间
形成微电偶腐蚀。然而 SKPFM 的测试结果显示，TiN 夹杂物的表面电
势低于钢基体，理论上充当阳极，发生溶解，但在腐蚀过程中 TiN 并没
有溶解，反而是钢基体发生了溶解。Wei、Tan 以及 Leban 等人对 TiN
夹杂物的腐蚀机理进行了详细研究，指出 TiN 具有出色的电化学稳定
性，在腐蚀环境中非常稳定，不易发生溶解，在微电偶腐蚀过程中，发生
如下电化学反应：

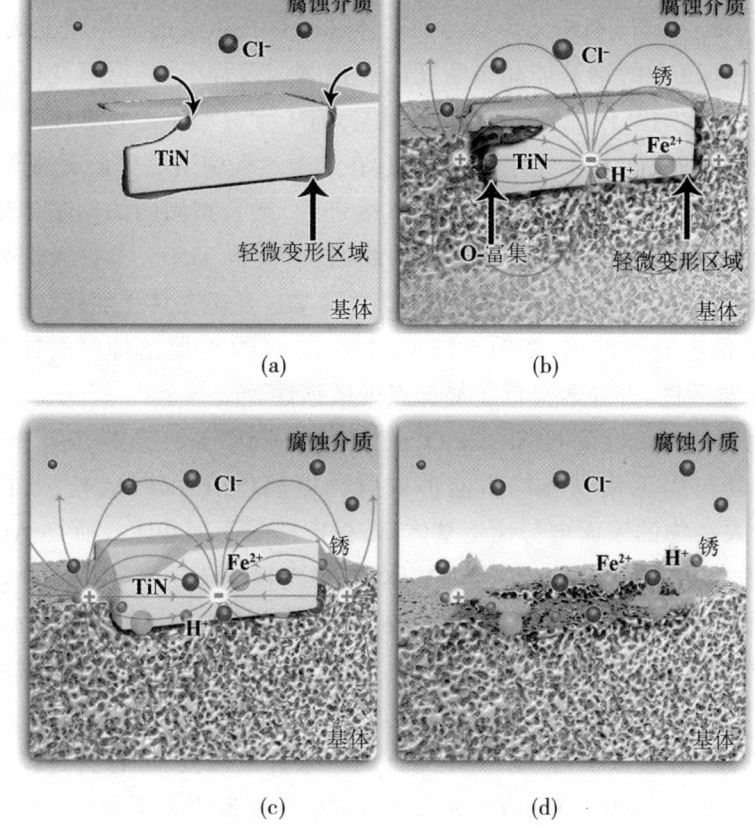

图 6.15　TiN 夹杂物诱发点蚀萌生和扩展示意图

阳极反应：

$$Fe \longrightarrow Fe^{2+}+2e \tag{6.2}$$

$$Fe^{+2}H_2O \longrightarrow Fe(OH)_2+2H^+ \tag{6.3}$$

阴极反应：

$$O_2+2H_2O+4e^- \longrightarrow 4OH^- \tag{6.4}$$

$$Fe^{2+}+4OH^- \longrightarrow Fe(OH)_2 \tag{6.5}$$

$$Fe(OH)_2+1/2O_2+H_2O+e^- \longrightarrow 2Fe(OH)_3 \tag{6.6}$$

TiN 夹杂物诱发点蚀萌生和扩展过程如图 6.15 所示。由于 TiN 夹杂物和钢基体紧密接触，它们之间不存在间隙，如图 6.15（a）所示；由图 6.9（b）可知，TiN 夹杂物与钢基体之间存在少量的晶格畸变区，即图 6.15（a）中的钢基体晶格畸变区。在腐蚀过程中，晶格畸变区处于活化状态的钢基体优先发生溶解，由于 TiN 与钢基体之间形成微电偶腐蚀，会加速 TiN 周围钢基体的腐蚀，在这个过程中生成少量腐蚀产物，如图 6.15（b）所示。随着腐蚀的继续进行，夹杂物周围的钢基体横向变薄，腐蚀变均匀，没有形成很深的腐蚀坑，使得 TiN 夹杂物大部分暴露在钢基表面，如图 6.15（c）所示。直至 TiN 从钢基体上脱落，在钢表面形成稳定的点蚀坑，如图 6.15（d）所示。TiN 的脱落抑制腐蚀部位的电化学活性，并显著降低了局部点蚀敏感性。

由 C–AFM 检测可知，Ce_2O_3、$CeAlO_3$、Ce_2O_2S 夹杂物均不导电，因此，其与周围钢基体均不能形成腐蚀电偶。由 SKPFM 检测可知，Ce_2O_3 夹杂物的表面电势比钢基体高，稳定性强于钢基体。而 $CeAlO_3$、Ce_2O_2S 夹杂物的表面电势较钢基体低，稳定性弱于钢基体。从电势高低的角度分析，钢基体会优先于 Ce_2O_3 发生溶解；而 $CeAlO_3$、Ce_2O_2S 夹杂物应会优先于钢基体发生溶解。但是从 FE–SEM 观测到的腐蚀形貌可以看出，Ce_2O_3、$CeAlO_3$、Ce_2O_2S 夹杂物在腐蚀过程中均发生了自身溶解反应，这似乎与 SKPFM 测试的结果背道而驰。因此，可以断定造成 Ce_2O_3、$CeAlO_3$、Ce_2O_2S 夹杂物溶解的主要原因并不是夹杂物电势的高低，也不是因为与钢基体构成腐蚀电偶，而是在 NaCl 溶液中，由于盐效应，溶液中的离子总浓度增加，解离度增大，导致 Ce_2O_3、$CeAlO_3$、Ce_2O_2S 三类夹杂物发生溶解。需要强调的是，尽管夹杂物本身不具有导电性，不能与周围的钢基体形成腐蚀电偶对，但夹杂物仍然可以充当阳极相，在腐蚀过程中发生化学反应，失去电子，阴极则通过阳极反应释放的电子维持吸氧反应的进行。Ce 夹杂物在诱发点蚀萌生和扩展过程中，腐蚀坑内将发生如下化学反应和电化学反应。

对于第一类 Ce_2O_3 单一夹杂物，在 NaCl 溶液中，Ce_2O_3 自身发生溶解反应，充当阳极。

阳极反应：

$$Ce_2O_3 + H_2O \longrightarrow Ce^{3+} + H^+ + e^- \quad (6.7)$$

$$Ce_2O_3 + H^+ \longrightarrow Ce^{3+} + H_2O + e^- \quad (6.8)$$

阴极反应：

$$O_2 + 2H_2O + 4e^- \longrightarrow 4OH^- \tag{6.9}$$

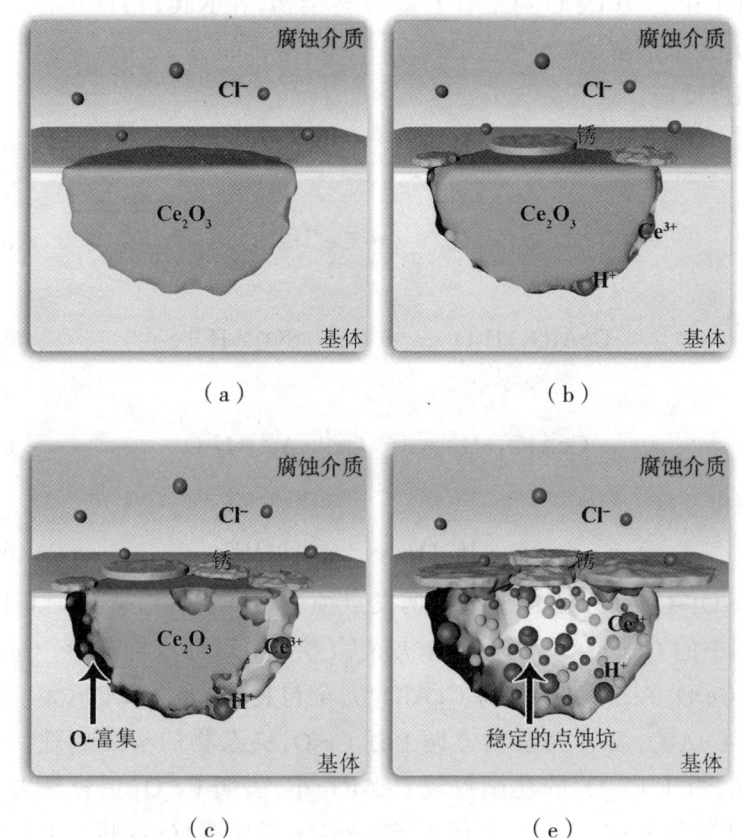

图 6.16　Ce_2O_3 夹杂物诱发点蚀萌生和扩展示意图

　　Ce_2O_3 夹杂物诱发点蚀萌生和扩展过程如图 6.16 所示。由于盐效应，Ce_2O_3 夹杂物会优先发生溶解，另外，由于 Ce_2O_3 夹杂物的晶体结构（三方晶系）和钢基体的晶体结构（立方晶系）差异性很大，导致其不能够形成共格界面或者半共格界面，致使其界面处的能量较高，处于活性溶解状态。在腐蚀初期，与钢基体交界处的 Ce_2O_3 夹杂物会优先发生溶解反应，并产生局部微缝隙，如图 6.16（b）所示。随着腐蚀的进行，逐渐形成腐蚀坑，H^+ 在腐蚀坑内累积，创造了酸性环境，促进 Ce_2O_3 夹杂物进一步溶解，如图 6.16（c）所示。在腐蚀后期，腐蚀产物大量堆积，导致夹杂物和钢基体形成催化闭塞空间，加速夹杂物的溶解，直至在钢基体表面留下稳定的凹坑,如图 6.16(d)所示。因腐蚀部位的电化学活性显著降低,钢基体局部点蚀敏感性得到明显改善。

对于第二类 Ce_2O_3-$CeAlO_3$ 复合夹杂物,在 NaCl 溶液中,Ce_2O_3-$CeAlO_3$ 发生溶解反应,充当阳极。

阳极反应:

$$Ce_2O_3+H_2O \longrightarrow Ce^{3+}+H^++e^- \tag{6.10}$$

$$Ce_2O_3+H^+ \longrightarrow Ce^{3+}+H_2O+e^- \tag{6.11}$$

$$CeAlO_3+H_2O \longrightarrow Ce^{3+}+SO_4^{2-}+H^++e^- \tag{6.12}$$

$$CeAlO_3+H^+ \longrightarrow Ce^{3+}+Al^{3+}+H_2O \tag{6.13}$$

阴极反应:

$$O_2+2H_2O+4e \longrightarrow 4OH^- \tag{6.14}$$

Ce_2O_3-$CeAlO_3$ 复合夹杂物诱发点蚀萌生和扩展过程如图 6.17 所示。钢中的 Ce_2O_3-$CeAlO_3$ 复合夹杂物多数呈球形或椭球形,$CeAlO_3$ 在里,Ce_2O_3 在外,Ce_2O_3 将 $CeAlO_3$ 完全包裹住,如图 6.17(a)所示。Ce_2O_3-$CeAlO_3$ 复合夹杂物遵循上述 Ce_2O_3 夹杂物的溶解机理。在腐蚀初期,由于 Ce_2O_3 的功函数较 $CeAlO_3$ 小,表明 Ce_2O_3 更容易失去电子、发生溶解发应,Ce_2O_3 会优先于 $CeAlO_3$ 发生溶解;又因为 Ce_2O_3 与 $CeAlO_3$ 的界面能大于 Ce_2O_3 与钢基体的界面能,因此,溶解优先发生在 Ce_2O_3 与 $CeAlO_3$ 的交界处,形成局部微缝隙,如图 6.17(b)所示。不同晶体结构所构成的界面远没有基体稳定,因此,Ce_2O_3 与钢基体界面处为活性溶解区,随着腐蚀的进行,在 Ce_2O_3 与钢基体的交界处,也产生了微裂缝,如图 6.17(c)所示。在腐蚀坑中,H^+ 大量累积,创造了酸性环境,促进 Ce_2O_3 夹杂物进一步溶解,直至完全溶解,如图 6.17(d)所示。在腐蚀后期,Ce_2O_3 完全溶解后,大量腐蚀产物堆积使得夹杂物和钢基体形成催化闭塞的空间,加速 $CeAlO_3$ 夹杂物的溶解,如图 6.17(e)所示。待 $CeAlO_3$ 夹杂物完全溶解后,在钢基体表面形成了稳定的凹坑,如图 6.17(f)所示。

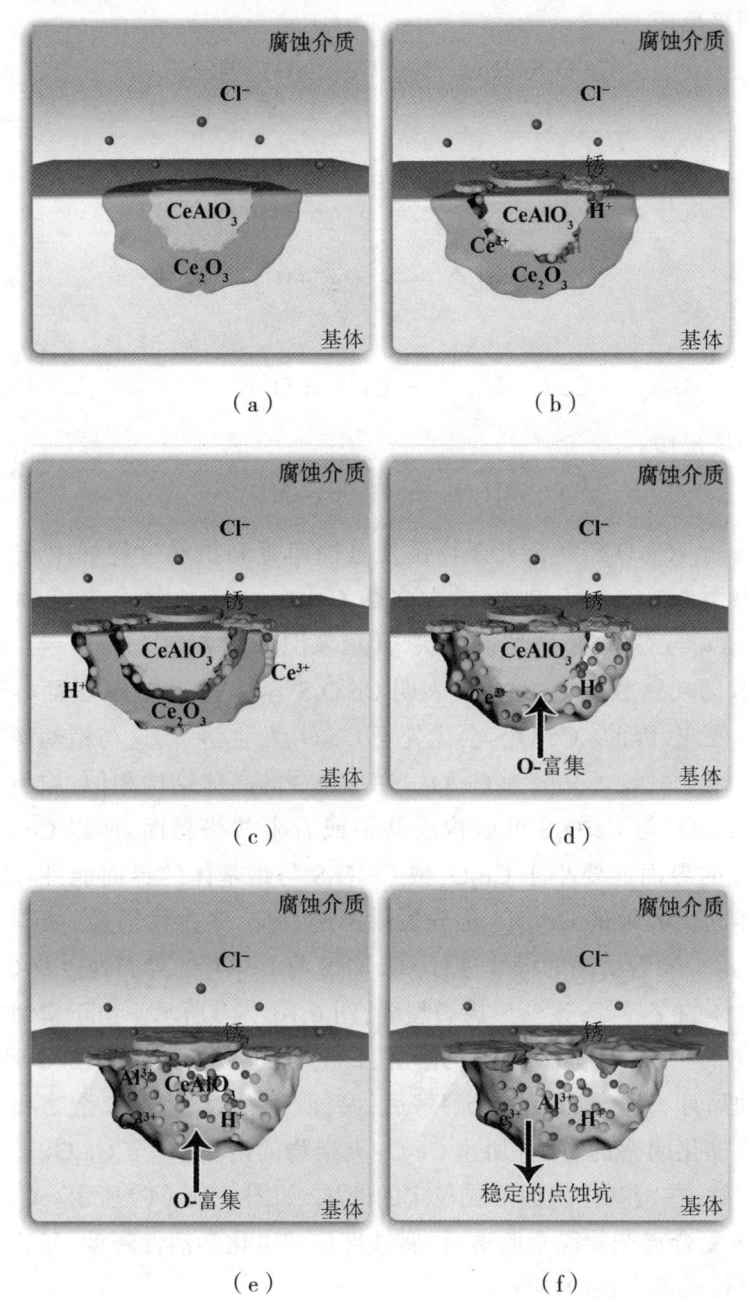

图 6.17　Ce_2O_3–$CeAlO_3$ 复合夹杂物诱发点蚀萌生和扩展示意图

对于第三类 Ce_2O_3–Ce_2O_2S 复合夹杂物,在 NaCl 溶液中,Ce_2O_3–Ce_2O_2S 自身发生溶解反应,充当阳极。

阳极反应：

$$Ce_2O_2S+H_2O \longrightarrow Ce^{3+}+SO_4^{2-}+H^++e^- \tag{6.15}$$

$$Ce_2O_2S+H^+ \longrightarrow Ce^{3+}+HS^-+H_2O+e^- \tag{6.16}$$

$$Ce_2O_3+H_2O \longrightarrow Ce^{3+}+H^++e^- \tag{6.17}$$

$$Ce_2O_3+H^+ \longrightarrow Ce^{3+}+H_2O+e^- \tag{6.18}$$

阴极反应：

$$O_2+2H_2O+4e^- \longrightarrow 4OH^- \tag{6.19}$$

Ce_2O_3-Ce_2O_2S 复合夹杂物诱发点蚀萌生和扩展过程如图 6.18 所示。由图 6.2（c）可知，钢中大多数 Ce_2O_3-Ce_2O_2S 复合夹杂物呈球形，Ce_2O_3 与 Ce_2O_2S 呈半包裹状，其示意图如图 6.18（a）所示。由于 Ce_2O_2S 的功函数较 Ce_2O_3 小，表明 Ce_2O_2S 容易失去电子，进而容易发生溶解发应，因此，Ce_2O_2S 会优先于 Ce_2O_3 发生溶解，这与褚幼义等人的研究结果一致。又因为 Ce_2O_3 与 Ce_2O_2S 的晶体结构相似，均为三方晶系，Ce_2O_3 与 Ce_2O_2S 可以构成共格或者半共格界面，所以 Ce_2O_3 与 Ce_2O_2S 的界面能要小于 Ce_2O_3 或 Ce_2O_2S 与钢基体的界面能，因此，与钢基体的交界处的 Ce_2O_2S 优先发生溶解反应，产生微缝隙，如图 6.18（b）所示。随着腐蚀的继续进行，Ce_2O_2S 与 Ce_2O_3 的界面处以及 Ce_2O_3 与钢基体的交界处，逐渐形成微裂缝，图 6.16（c）所示。由于腐蚀坑内 H^+ 离子的积累，促进 Ce_2O_2S 的溶解，直至完全溶解，如图 6.18（d）所示。在腐蚀后期，待 Ce_2O_2S 完全溶解后，腐蚀产物堆积使得夹杂物和钢基体形成催化闭塞的空间，加速 Ce_2O_3 夹杂物的溶解，直至 Ce_2O_3 夹杂物完全溶解，在钢基体表面形成稳定的凹坑，如图 6.16（f）所示。Ce_2O_3-Ce_2O_2S 复合夹杂物完全脱落后，腐蚀部位的电化学活性降低，显著降低了钢基体局部点蚀敏感性。

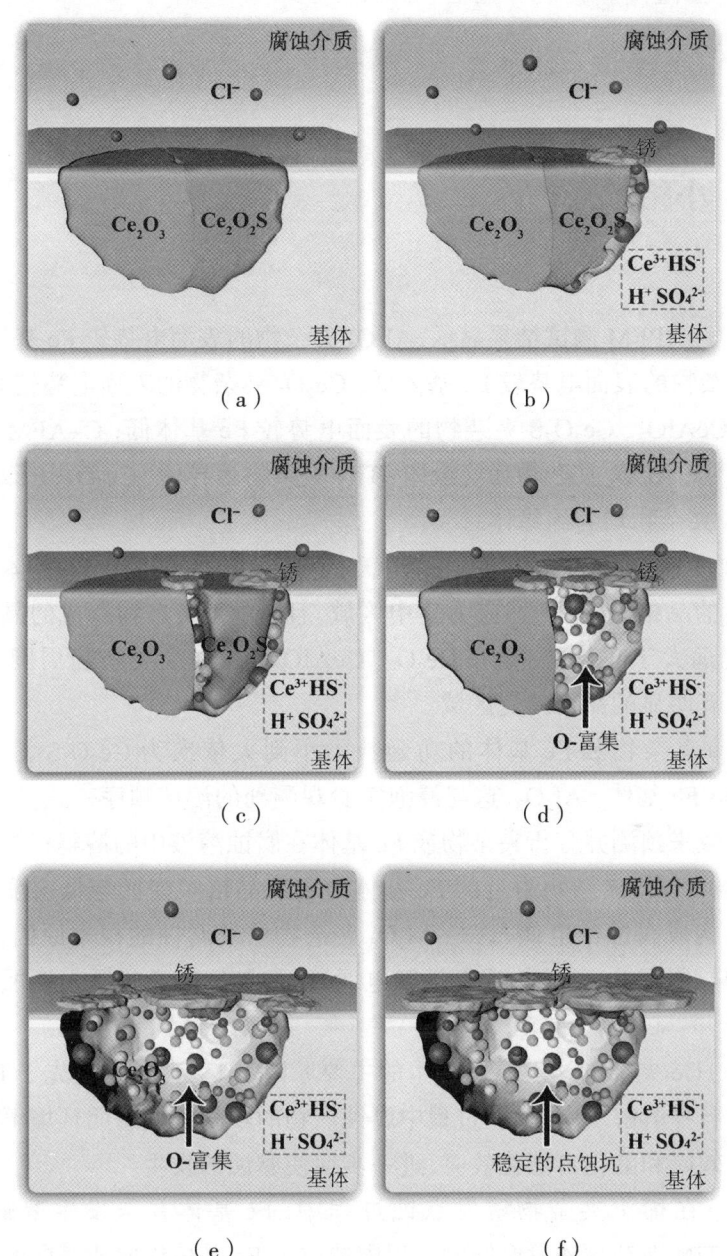

图 6.18　Ce_2O_3–Ce_2O_2S 复合夹杂物诱发点蚀萌生和扩展示意图

6.5　小结

（1）SKPFM 测试结果显示，Al_2O_3 夹杂物的表面电势较 Fe 基体高，TiN 夹杂物的表面电势较 Fe 基体低，Ce_2O_3 夹杂物的表面电势较 Fe 基体高，$CeAlO_3$、Ce_2O_2S 夹杂物的表面电势较 Fe 基体低；C–AFM 测试结果显示，Al_2O_3 夹杂物为绝缘体，TiN 夹杂物为导体，Ce_2O_3、$CeAlO_3$、Ce_2O_2S 夹杂物均为绝缘体。

（2）EBSD 分析结果显示，Al_2O_3、TiN 夹杂物周围的 Fe 基体呈现出明显的晶格畸变区，即应力集中区域，且 Al_2O_3 夹杂物造成的晶格畸变程度远大于 TiN 夹杂物；Ce_2O_3、$CeAlO_3$、Ce_2O_2S 夹杂物周围的 Fe 基体没有明显的晶格畸变区域。

（3）夹杂物和 Fe 基体的功函数由小到大依次为 $Ce_2O_2S < Ce_2O_3 < CeAlO_3 <$ Fe 基体 $< Al_2O_3$，这与浸泡实验观测到的溶解顺序一致，证实可用功函数来预测并分析夹杂物或 Fe 基体在腐蚀溶液中的溶解行为。

（4）Al_2O_3 夹杂物附近的 Fe 基体高密度晶格畸变区与低密度晶格畸变区构成腐蚀微电偶，这是 Al_2O_3 夹杂物诱发腐蚀的根本原因；TiN 夹杂物与周围 Fe 基体构成腐蚀微电偶，这是 TiN 夹杂物诱发腐蚀的主要原因。

（5）Ce 夹杂物诱发腐蚀萌生的主要原因是 Ce 夹杂物优先于 Fe 基体发生自身溶解反应，反应过程中腐蚀产物的堆积致使封闭环境下产生氧浓差效应和酸化自催化效应，进一步促使腐蚀的发生。

（6）在稀土夹杂物诱发点蚀过程中，Fe 基体并未发生溶解，而 Al_2O_3、TiN 夹杂物诱发腐蚀的过程中造成了 Fe 基体纵向或横向的严重腐蚀。从这个角度分析，稀土夹杂物较 Al_2O_3、TiN 夹杂物对局部腐蚀的影响较小。

第 7 章　结论及创新点

7.1　结论

本书采用模拟计算与实验研究相结合的研究方法重点针对固溶 Ce 及 Ce 夹杂物对钢力学性能和耐腐蚀性能的影响机理展开系统研究。主要结论如下。

（1）在体相模型中，Ce 能够取代 Fe 原子占位于 α-Fe 超晶胞中，不能够以间隙固溶的形式存在于基体中；在 Fe-Ce 掺杂体系中，Ce 原子失去电子，致使 Ce 原子半径减小，产生极化效应，这有利于 Ce 在 Fe 中的固溶；Si、Al、Ti、V、Co、W、Mo、Nb 对 Ce 的固溶起到促进作用，且 Si 最强，Nb 最弱；Ti、V、Cr、Mn、Co、Ni、Cu、Nb、Mo、W、Si、Al、N、O、S、P、H 与 Ce 之间表现为相互吸引，这在一定程度上有利于体系稳定性的提高；除 O、S 以外，N 与 Ce 的吸引力最强；Mg、C、B 与 Ce 之间表现为相互排斥。

（2）Ce 的掺杂降低了 Fe-Ce 体系的不可压缩性、抗剪切应变的能力、刚度以及维氏硬度，但提高了体系的韧性及可加工性；Ce 掺杂导致体系金属键强度降低，这是体系不可压缩性、刚性和硬度降低的主要原因；Ce 增加了体系中电子云的密度，这有利于体系韧性的提高。

（3）形成焓计算结果表明，钢中优先并稳定存在的夹杂物为 Ce_2O_3、Ce_2O_2S、$CeAlO_3$ 夹杂，与热力学分析结果相一致；Ce 能够固溶于 TiN 夹杂物中，固溶 Ce 后的 TiN 夹杂物较原 TiN 夹杂物在形貌及尺寸上并未发生改变,但在不可压缩性、刚性、硬度等方面有不同程度的降低,在韧性及热膨胀性方面有所改善。

(4)与 Al_2O_3 和 TiN 相比, Ce_2O_3、Ce_2O_2S、$CeAlO_3$ 夹杂物的体积模量、杨氏模量、剪切模量和维氏硬度值较小,在钢中表现为韧性特征,且热膨胀系数与铁基体更接近;Ce 夹杂物与基体在不可压缩性、刚性、硬度、韧脆性及热膨胀性等方面的差异较小,提高了钢基体塑性变形的一致性,有利于延缓微孔洞微裂纹的萌生。

(5)在相同浓度的 O 原子和 Cl 原子条件下,第一表层和次表层的 Ce 原子均抑制 Fe 的离子化,极大地促进了钢基体的再钝化过程。次表层 Ce 提高了 Fe $(100)_1$ 的功函数,降低了 Fe $(100)_1$ 的表面能量密度,使得基体平衡绝对电位升高,增强了 Fe $(100)_1$ 电化学稳定性的同时降低了 Fe 基体的阳极溶解速率,进而提高了 Fe 基体的耐蚀性。

(6)Al_2O_3 夹杂物诱发点蚀的主要原因是 Al_2O_3 夹杂物附近的钢基体产生了高低密度晶格畸变区,形成腐蚀微电偶,诱发腐蚀;TiN 夹杂物的表面电势比 Fe 基体低且其为导体,TiN 与 Fe 基体之间形成的腐蚀微电偶是 TiN 夹杂物诱发点蚀的主要原因。

(7)Ce_2O_3 夹杂物的表面电势较 Fe 基体高,$CeAlO_3$、Ce_2O_2S 夹杂物的表面电势较 Fe 基体低,但 Ce_2O_3、Ce_2O_2S、$CeAlO_3$ 均为绝缘体,且 Ce_2O_3、Ce_2O_2S、$CeAlO_3$ 夹杂物周围的 Fe 基体并未形成明显的晶格畸变区,因此,Ce 夹杂物与 Fe 基体之间不构成电偶腐蚀。浸泡实验及功函数计算结果显示,Ce 夹杂物自身溶解且优先于 Fe 基体溶解,这是腐蚀萌生的主要原因。

7.2　创新点

当前针对稀土在钢中应用的基础研究多围绕以稀土夹杂物对钢性能的影响为主线展开实验研究,涉及作用机理的理论探讨不多,且缺乏微观尺度上的认知。另外,钢中的固溶态稀土对钢性能的影响关注较少,因实验检测手段等条件的制约,对稀土微合金化作用机制开展模拟计算研究应是一条有效的途径。本书采用理论计算与实验检测相结合的研究方法，重点针对 Ce 及 Ce 夹杂物在改善钢力学性能和耐腐蚀性能中所发挥的作用及内在机制提供微观解释。主要创新点如下：

（1）采用第一性原理计算方法研究钢中常见元素 Ti、V、Cr、Mn、Co、Ni、Cu、Nb、Mo、W、Al、Si、Mg、C、N、O、S、P、B、H 对 Ce 固溶的影响，明确了 Ce 与各元素之间的相互作用关系，确定了促进 Ce 固溶的掺杂元素。其中，一方面 Si 促进 Ce 固溶的能力最强，原因在于 Si 的掺杂进一步促进了 Ce 的离子极化作用，使其半径减小，利于在钢中固溶；另一方面 Si 能够有效减轻 Ce 固溶造成的晶格畸变程度，增强体系的稳定性，从而促进 Ce 在钢中的固溶。

（2）用形成焓预测钢中夹杂物生成的可能性与稳定性的计算结果，与热力学计算结果高度自洽，且与实验结果相吻合。因此，在稀土夹杂物相关热力学数据缺失的情况下，通过计算形成焓来预判钢中未知夹杂物的分子式以及夹杂物生成的先后顺序是可行的。

（3）在第一性原理计算方法的框架下，本书明确了阳极溶解和阴极吸氧反应过程中的控制性环节，建立了反应过程中电极电位与电流密度的关系式，揭示了 Ce 对 Fe 阳极溶解行为及阴极吸氧反应的影响，阐明了 Ce 在不同腐蚀场景中所扮演的角色。

（4）运用微区电化学检测手段对 Ce 夹杂物诱发点蚀萌生全过程进行原位观测，并通过第一性原理计算方法分析 Ce 夹杂物的腐蚀倾向，阐明了 Ce 夹杂物自身溶解是诱发腐蚀萌生的主要原因。

参考文献

[1] KARR U, SANDAIJI Y, TANEGASHIMA R, et al. Inclusion initiated fracture in spring steel under axial and torsion very high cycle fatigue loading at different load ratios[J].International Journal of Fatigue,2020,134: 105525.

[2] MEDVEDEVA A, B J, GUNNARSSON S. Inclusions, stress concentrations and surface condition in bending fatigue of an H13 tool steel[J].Steel Research International,2008,79（5）: 376-381.

[3] CHOI N, PARK N, KIM J Y, et al. Influence of manufacturing conditions on inclusion characteristics and mechanical properties of FeCrNiMnCo alloy[J].Metals,2020,10（10）: 1286.

[4] Zhu J, Z Z H, XIE J X. Plastic deformation behavior and fracture mechanism of rare earth H13 steel based on in situ TEM tensile study[J].Acta Metallurgica Sinica,2020,56（12）: 1592-1604.

[5] 许中波. 钢中夹杂物含量及其形态对钢力学性能的影响 [J]. 钢铁研究学报,1994,4: 18-23.

[6] SINGH V, KHAN R, BANDI B, et al. Effect of non-metallic inclusions（NMI）on crack formation in forged steel[J].Materials Today: Proceedings,2020,41（5）: 1096-1102.

[7] 曾光廷,李静缓,罗学厚. 非金属夹杂物与钢的韧性研究 [J]. 材料科学与工程,2000,18（2）: 87-90+99.

[8] MACIEJEWSKI J. The effects of sulfide inclusions on mechanical properties and failures of steel components[J].Journal of Failure Analysis & Prevention,2015,15（2）: 169-178.

[9] VOLCHUK V M, UZLOV O V, PUCHIKOV O V, et al.

Fractals theory application for evaluation of influence of non metallic inclusions on mechanical properties of S355J2 steel[J].IOP Conference Series: Materials Science and Engineering,2021,1021（1）: 012053.

[10] KIESSLING R, NORDBERG H. Influence of inclusions on mechanical properties of steels[A].In: International Conference of Production and Application of Clean Steels[C].Balatonfured,1971: 179-185.

[11] ABYAZI A, EBRAHIMI A R. Effect of spherical inclusions on fatigue anisotropy of HSLA-100 steel[J].Materials Science and Technology,2021,37（3）: 314-325.

[12] HONG Y S, LEI Z Q, SUN C Q, et al. Propensities of crack interior initiation and early growth for very-high-cycle fatigue of high strength steels[J].International Journal of Fatigue,2014,58: 144-151.

[13] ZHANG J M, LI S X, YANG Z G, et al. Influence of inclusion size on fatigue behavior of high strength steels in the gigacycle fatigue regime[J].International Journal of Fatigue,2007,29: 765-771.

[14] PARK I J, LEE S M, KANG M, et al. Pitting corrosion behavior in advanced high strength steels[J].Journal of Alloys and Compounds,2015,619: 205-210.

[15] ZHANG J T, HU X J, LIN P, et al. Electrochemical behavior of 2205 duplex stainless steel in a chloride thiosulfate environment[J]. International Journal of Electrochemical Science,2019,14（5）: 4144-4160.

[16] WILLIAMS D E, KILBURN M R, CLIFF J, et al. Composition changes around sulphide inclusions in stainless steels, and implications for the initiation of pitting corrosion[J].Corrosion Science,2010,52: 3702-3716.

[17] TORKKELI J, SAUKKONEN T, HÄNNINEN H. Effect of MnS inclusion dissolution on carbon steel stress corrosion cracking in fuel-grade ethanol[J].Corrosion Science,2015,96: 14-22.

[18] LIU C, JIANG Z H, ZHAO J B, et al. Influence of rare earth metals on mechanisms of localised corrosion induced by inclusions

in Zr–Ti deoxidised low alloy steel[J].Corrsion Science,2020,166,
108463.

[19] LI N, WANG Y Q, QIU S T, et al. Effect of Ce on the
evolution of recrystallization texture in a 1.2%Si–0.4%Al non–oriented
electrical steel[J].ISIJ Iinternational,2016,56（7）: 1256–1261.

[20] BAO X R, WANG J N, WANG X D, et al. Effects of
lanthanum on hot deformation behaviour of Mn–Cr–Mo bainitic rail
steel[J].Journal of Rare Earths,2018,36（7）: 772–780.

[21] XU Y W, SONG S H, WANG J W. Effect of rare earth cerium
on the creep properties of modified 9Cr–1Mo heat–resistant steel[J].
Materials Letters,2015,161: 616–619.

[22] 陈继志,闻英显,张艳玲,等 . 钢包内钢中稀土夹杂物的特征和
行为 [J]. 中国稀土学报,1985,3（3）: 60–65.

[23] LIU Z, LIAN X T, LIU T S, et al. Effects of rare earth
elements on corrosion behaviors of low–carbon steels and weathering
steels[J].Materials and Corrosion,2019,1: 1–9.

[24] WANG Y, LI C R, WANG L Z, et al. Modification of alumina
inclusions in SWRS82B steel by adding rare earth cerium[J].Metals,
2020,10（12）: 1696.

[25] LIU H H, FU P X, LIU H W, et al. Effects of rare earth
elements on microstructure evolution and mechanical properties of
718H pre–hardened mold steel[J].Journal of Materials Science &
Technology,2020,50: 245–256.

[26] SONG M M, SONG B, ZHANG S H, et al. Effect of heat
input on microstructure and toughness of rare earth–contained C–Mn
steel[J].Journal of Iron and Steel Research International,2018,25(10):
1033–1042.

[27] GONG W, WANG P F, ZHANG L, et al. Effects of Ce on
microstructure and mechanical properties of LDX2101 duplex stainless
steel[J].Metals,2020,10（9）: 1233.

[28] 康健,于彦冲,刘林刚,等 . 稀土对 HRB500E 抗震钢筋夹杂物
及冲击韧性的影响 [J/OL]. 中国稀土学报,2020, https: //kns.cnki.net/

kcms/detail/11.2365.TG.20200928.1713.008.html.

[29] TORKAMANI H, RAYGAN S, GARCIA M C, et al. Contributions of rare earth element (La, Ce) addition to the impact toughness of low carbon cast niobium microalloyed steels[J].Metals and Materials International,2018,24（4）: 773-788.

[30] 武利平,张江山,智建国,等．稀土 La+Ce 对含 Nb 结构钢强度及韧性的影响 [J]. 稀有金属材料与工程,2020,49（8）: 2800-2806.

[31] YANG C Y, LUAN Y K, LI D Z, et al. Very high cycle fatigue behavior of bearing steel with rare earth addition[J].International Journal of Fatigue,2020,131: 105263.

[32] 尚卿．稀土对结构钢 Q345B 组织和性能的影响 [D]. 包头：内蒙古科技大学,2019.

[33] GAO J Z, FU P X, LIU H W, et al. Effects of rare earth on the microstructure and impact toughness of H13 steel[J].Metals,2015, 5（1）: 383-394.

[34] YU Y C, ZHANG S H, WANG S B. Effects of cerium on the inclusions and pitting corrosion behavior of 434 ferritic stainless steel[J].High Temperature Materials and Processes,2018,37（9-10）: 807-814.

[35] SUTER T, BÖHNI H. A new microelectrochemical method to study pit initiation on stainless steels[J].Electrochimica Acta,1997,42（20-22）: 3275-3280.

[36] ZHANG X, WEI W Z, CHENG L, et al. Effects of niobium and rare earth elements on microstructure and initial marine corrosion behavior of low-alloy steels[J].Applied Surface Science,2019,475: 83-93.

[37] WEI W Z, WU K M, ZHANG X, et al. In-situ characterization of initial marine corrosion induced by rare-earth elements modified inclusions in Zr-Ti deoxidized low-alloy steels[J]. Journal of Materials Research and Technology,2020,9（2）: 1412-1424.

[38] YUE L J, WANG L M, HAN J H. Effects of rare earth on

inclusions and corrosion resistance of 10PCuRE weathering steel[J]. Journal of Rare Earths,2010,28（6）: 952-956.

[39] LIAN X T, ZHU J N, WANG R Q, et al. Effects of rare earth（Ce and La）on steel corrosion behaviors under wet-dry cycle immersion conditions[J].Metals,2020,10（9）: 1174.

[40] 董瀚,廉心桐,胡春东,等. 钢的高性能化理论与技术进展 [J]. 金属学报,2020,56（4）: 558-582.

[41] ZHANG W, LI C. The Fe-La（iron-lanthanum）system[J]. Journal of Phase Equilibria,1997,18（3）: 301-304.

[42] 戴景文. 用稀土——发展 21 世纪钢的重要途径 [J]. 稀土, 2001,22（4）: 7-24.

[43] 林勤,叶文,李栓禄. 钢中稀土固溶规律及作用研究 [J]. 中国稀土学报,1989,7（2）: 54-58.

[44] 姜茂发,王荣,李春龙. 钢中稀土与铌、钒、钛等微合金元素的相互作用 [J]. 稀土,2003,24（5）: 1-3.

[45] GUO Y, ZHAO Y, SONG S H. Highly enhanced hot ductility performance of advanced SA508-4N RPV steel by trace impurity phosphorus and rare earth cerium[J].Metals,2020,10（12）: 1598.

[46] LI G L, LI C Y, XING Z G, et al. Study of the catalytic strengthening of a vacuum carburized layer on alloy steel by rare earth preimplantation[J].Materials,2019,12（20）: 3420.

[47] CHEN RONG C, WANG ZHI G, ZHU F S, et al. Effects of rare-earth micro-alloying on microstructures, carbides, and internal friction of 51CrV4 steels[J].Journal of Alloys and Compounds,2020, 824: 153849.

[48] ZHENG Y B, WANG F, AI T T, et al. Structural, elastic and electronic properties of B2-type modified by ternary additions FeAl-based intermetallics: First-principles study[J].Journal of Alloys and Compounds,2017,710: 581-588.

[49] 杨彪,王丽阁,易勇,等. C、N、O 原子在金属 V 中扩散行为的第一性原理计算 [J]. 物理学报,2015,64（2）: 026602.

[50] DAI J H, SONG Y. Influence of H, C, N and O impurities

on the stability of Mg and Al from first-principles calculations[J]. Modelling and Simulation in Materials Science Engineering,2013,21 (5): 055014.

[51] 秦永和,乔英杰. Sm、La 掺杂 TiAl 结构和性能的第一性原理计算 [J]. 哈尔滨工业大学学报,2015,47: 123-128.

[52] 秦永和. 稀土掺杂 TiAl 金属间化合物结构和性能的第一性原理研究 [D]. 哈尔滨: 哈尔滨工程大学,2015.

[53] 王海燕,高雪云,任慧平,等. 稀土 La 在 α-Fe 中占位倾向及对晶界影响的第一性原理研究 [J]. 物理学报,2014,63 (14): 148101.

[54] LIU W G, HAN H, REN C, et al. First-principles study of intergranular embrittlement induced by Te in the Ni Σ5 grain boundary[J].Computational Materials Science,2014,88: 22-27.

[55] WANG Q, ZHAO Z Y, BAI P K, et al. Effects of alloying elements X (Cr,Mn,Mo,Ni,Si) on the interface stability of TiC (001)/ γ-Fe (001) in TiC/316L stainless steel composite formed by selective laser melting: first principles and experiments[J].Advanced Composites and Hybrid Materials,2021,4: 195-204.

[56] XIAO W, SHI J M, SUN L, et al. Mechanical properties of M-Zr (M=Cr, Al, Mn) co-doped ceria: A first-principles study[J]. IOP Conference Series: Earth and Environmental Science,2021,657 (1): 01203.

[57] LIU Y Z, ZHANG L, CUI S G, et al. Effects of transition metal (Cr, Mn, Mo, Ni, Ti, and V) doping on the mechanical, electronic and thermal properties of Fe_3Al[J].Vacuum,2021,185: 110030.

[58] ZHOU S G, ZHANG C, XU Y, et al. Theoretical predictions of thermodynamic and mechanical properties of TMAl (TM=Ni, Fe, Ti)[J].Applied Physics A,2020,126 (12): 1-12.

[59] ZHANG J, KORZHAVYI P A, HE J J. Investigation on elastic and thermodynamic properties of Fe25Cr20NiMnNb austenitic stainless steel at high temperatures from first principles[J].Computational Materials Science,2020,185: 109973.

[60] DONG N, JIA R R, YANG J, et al. The Effects of Co and W on Structural Stability and Mechanical Properties of Austenitic Heat-Resistant Steel Sanicro 25: A First-Principle Study[J].Metals,2021, 10: 1051.

[61] LI Z L, ZHAO W, ZHANG D L, et al. Influence of rare-earth element doping on interface and mechanical properties of WC particles reinforced steel matrix omposites[J].Materials Research Express,2021, 8 (3): 036512.

[62] YU X, LIN G G, ZHANG Z H, et al. Electronic structure characteristics of Fe-6.5 wt%Si alloy doped with rare earth elements and its effect on mechanical properties[J].Journal of Alloys and Compounds,843: 155916.

[63] ZHANG L Y, PENG C T, SHI J, et al. Surface alloying of chromium/tungsten/stannum on pure nickel and theoretical analysis of strengthening mechanism[J].Applied Surface Science,2020,532: 147477.

[64] LV W T, YAN L C, PANG X L, et al. Synergistic effect of Cu and Cr on pitting behavior induced by MnS inclusions in low alloy steels[J].Journal of Alloy Compounds,2021,864: 158133.

[65] LIU Y R, PAN Q L, WANG X D, et al. Computational and experimental insights into the role of acidic molecules on the corrosion behavior on 7A46 aluminum alloy[J].Journal of Nanoscience and Nanotechnology,2021,21 (4): 2221-2233.

[66] KADOWAKI M, SAENGDEEJING A, MUTO I, et al. Roles of interstitial nitrogen, carbon, and boron in steel corrosion: generation of oxyanions and stabilization of electronic structure[J].Journal of the Electrochemical Society,2020,167: 081503.

[67] KE H, TAYLOR C D. First-principles modeling of the repassivation of corrosion resistant alloys: Part I. O and Cl adsorption energy[J].Journal of Electrochemical Society,2020,167: 111502.

[68] ZHANG J, SU C M, CHEN X P, et al. First-principles study on pitting corrosion of Al deoxidation stainless steel with rare earth

element（La）treatment[J],2021,27: 102204.

[69] WANG C, WANG J F, MA D, et al. First-principles studies on structure stability, segregation, and work function of Mg doped with metal elements[J].Journal of Quantum Chemistry,2021,121（11）: e26626.

[70] KADOWAKI M, SAENGDEEJING A, MUTO I, et al. First-principles analysis of the inhibitive effect of interstitial carbon on an active dissolution of martensitic steel[J].Corrosion Science,2019,163: 108251.

[71] HOHENBERG P, KOHN W. Inhomogeneous Electron Gas[J]. Physical Review B,1964,136: 864-871.

[72] KOHN W, SHAM L J. Self-consistent equations including exchange and correlation effects[J].Physical Review A,1965,140: 1133-1143.

[73] PERDEW J P, BURKE K, Ernzerhof M. Generalized Gradient Approximation Made Simple[J].Physical Review Letters,1996,77: 3865-3868.

[74] KOHN W. NOBEL Lecture: Electronic Structure of Matter-Wave Functions and Density Functionals [J].Reviews of Modern Physics,1999,17: 1253-1266.

[75] JONES R O, GUNNARSSON O. The Density Functional Formalism, Its Applications and Prospects[J].Reviews of Modern Physics,1989,61: 689-746.

[76] KRESSE G, HAFNER J. Ab initio molecular dynamics for liquid metals[J].Physical Review B, Condensed Matter,1993,47（1）: 558-561.

[77] YANG Y, DAI X Z, YANG X R, et al. First-principles analysis on the role of rare-earth doping in affecting nitrogen adsorption and diffusion at Fe surface towards clarified catalytic diffusion mechanism in nitriding[J].Acta Materialia,2020,196: 347-354.

[78] LIU Y, HUANG Y H, XIAO Z B, et al. First principles

calculations of formation energies and elastic constants of inclusions $\alpha-Al_2O_3$, MgO and AlN in aluminum alloy[J].International Journal of Modern Physics B,2016,30（16）: 1650085.

[79] NIELSEN O H, MARTIN, RICHHARD M. First-principles calculation of stress[J].Physical Review Letters,1983,50（9）: 697-700.

[80] SKRIVER H L, ROSENGAARD N M. Surface energy and work function of elemental metals[J].Physical Review B, Condensed Matter,1992,46（11）: 7157-7168.

[81] DWEYDARI A W, MEE C H B. Work function measurements on（100）and（110）surfaces of silver[J].Physica Status Solidi,1975, 27: 223.

[82] KHALID S, MA Y, SUN X L, et al. Electronic and optical properties of $T_{14}GeX_3$（X=S, Se and Te）compounds for optoelectronics applications: insights from DFT-computations[J].Journal of Materials Research and Technology,2020,9（1）: 413-420.

[83] BLÖCHL P E, JEPSEN O, ANDERSEN O K. Improved tetrahedron method for Brillouin-zone integrations[J].Physical Review B,1994,49（23）: 16223-16233.

[84] BRITVIN S N, BOGDANOVA A N, Boldyreva M M, et al. Rudashevskyite, the Fe-dominant analogue of sphalerite, a new mineral: Description and crystal structure[J].American Mineralogist, 2008,93（5-6）: 902-909.

[85] SANDBERG N, HENRIKSSON K O E, Wallenius J. Carbon impurity dissolution and migration in bcc Fe-Cr: First-principles calculations[J].Physical Review B: Condensed Matter,2008,78（9）: 1884-1898.

[86] SORESCU D C. First principles calculations of the adsorption and diffusion of hydrogen on Fe（100）surface and in the bulk[J]. Catalysis Today,2005,105（1）: 44-65.

[87] HERPER H C, HOFFMANN E, ENTEL P. Ab initio full-potential study of the structural and magnetic phase stability of iron[J].

Physical Review B,1999,60（6）：3839-2848.

[88] KITTEL C. Introduction to solid state physics[M].Hoboken：Wiley,1996.

[89] OLSSON P, KLAVER T P C, Domain C. Ab initio study of solute transition-metal interactions with point defects in bcc Fe[J]. Physical Review B,2010,81（5）：054102.

[90] YOU Y, YAN J H, YAN M F, et al. La interactions with C and N in bcc Fe from first principles[J].Journal of Alloys and Compounds,2016,688：261-269.

[91] 王明军,李春福,文平,等. Cr, Mo, Ni 在 γ-Fe（C）中的键合性质及对相结构稳定性的影响 [J]. 物理学报,2016,65（3）：254-263.

[92] 祝菊生,王炳洲. 金属理论基础 [M]. 北京：中国宇航出版社,1992.

[93] 杨正举. 体心立方金属中间隙杂质原子组态的弹性研究：Ⅰ. 间隙杂质原子的位置及扩散激活能 [J]. 物理学报,1996,22（3）：281-293.

[94] 王笑天. 金属材料学 [M]. 北京：机械工业出版社,1987.

[95] MARTIN RICHARD. Electronic Structure：Basic Theory and Practical Methods[M].Cambridge：Cambridge University Press,2004.

[96] SAHU B R. Electronic structure and bonding of ultralight LiMg[J].Materials Science and Engineering B,1997,49（1）：74-78.

[97] OLSSON P, DOMAIN C, WALLENIUS J. Ab initio study of Cr interactions with point defects in bcc Fe[J].Physical Review B,2007,75（1）：014110.

[98] 刘香军,杨吉春,贾桂霄,等. 金属元素掺杂 α-Fe（N）体系的电子结构及力学性能的第一性原理计算 [J]. 材料工程,2019,47（9）：72-77.

[99] BACHELET G B, HAMANN D R, SCHLÜTER M. Pseudopotentials that work：From H to Pu[J].Physical Review B,1982,26（8）：4199-4228.

[100] FENG J, XIAO B, ZHOU R, et al. Anisotropic elastic

and thermal properties of the double perovskite slab–rock salt layer $Ln_2SrAl_2O_7$（Ln=La, Nd, Sm, Eu, Gd or Dy）natural superlattice structure[J].Acta Materialia,2012,60（8）：3380–3392.

[101] HUANG BO, DUAN Y H, SUN Y, et al. Electronic structures, mechanical and thermodynamic properties of cubic alkaline-earth hexaborides from first principles calculations[J].Journal of Alloys and Compounds,2015,635：213–224.

[102] 潘恩宝．高品质冷轧汽车钢退火工艺与组织性能控制 [D]．沈阳：东北大学,2017.

[103] ZHOU W, LIU L J, LI B L, et al. Structural, elastic and electronic properties of intermetallics in the Pt–Sn system：A density functional investigation[J].Computational Materials Science,2009,46（4）：921–931.

[104] HILL R. The elastic behaviour of a crystalline aggregate[J]. Hill, R. The Elastic Behaviour of a Crystalline Aggregate[J].Proceedings of the Physical Society,1952,65（5）：349–354.

[105] KULO N, HE S, ECKER W, et al. Thermodynamic and mechanical stability of Ni_3X–type intermetallic compounds[J]. Intermetallics,2019,114：106604.

[106] LIU Y Z, JIANG Y H, FENG J, et al. Elasticity, electronic properties and hardness of MoC investigated by first principles calculations[J].Physica B：Condensed Matter,2013,419：45–50.

[107] ZHOU W, LIU L J, LI B L, et al. Structural, elastic and electronic properties of intermetallics in the Pt–Sn system：A density functional investigation[J].Computational Materials Science,2009,46（4）：921–931.

[108] 徐志超．Mg–Zn–Y 合金组织与电磁屏蔽性能研究 [D]．昆明：昆明理工大学,2018.

[109] 代建红．Al 基 Mg 基和 Ti 基合金相稳定性与弹性性质的第一性原理研究 [D]．哈尔滨：哈尔滨工业大学,2013.

[110] ZHENG Y B, WANG F, AI T T, et al. Structural, elastic and electronic properties of B2–type modified by ternary additions FeAl–

based intermetallics: First-principles study[J].Journal of Alloys and Compounds,2017,710: 581-588.

[111] LIU Y Z, JIANG Y H, ZHOU R, et al. First principles study the stability and mechanical properties of MC (M=Ti, V, Zr, Nb, Hf and Ta) compounds[J].Journal of Alloys and Compounds,2014,582: 500-504.

[112] OZISIK H, DELIGOZ E, COLAKOGLU K, et al. Structural and mechanical stability of rare-earth diborides[J].Chinese Physics B, 2013,22 (4): 046202.

[113] PUGH S F. XCII. Relations between the elastic moduli and the plastic properties of polycrystalline pure metals[J].The London, Edinburgh, and Dublin Philosophical Magazine and Journal of Science, 1954,45: 823-843.

[114] 赵燕春. Cu 基块体金属玻璃的组织、热稳定性和力学性能研究 [D]. 兰州: 兰州理工大学,2010.

[115] CANDAN A, AKBUDAK S, UĞUR S. et al. Theoretical research on structural, electronic, mechanical, lattice dynamical and thermodynamic properties of layered ternary nitrides Ti_2AN (A= Si, Ge and Sn)[J].Journal of Alloys and Compounds,2019,771: 664-673.

[116] SUN Z M, MUSIC D, AHUJA R, et al. Theoretical investigation of the bonding and elastic properties of nanolayered ternary nitrides[J].Physical Review B,2005,71 (19): 193402.

[117] YUAN C C, DENG C, ZHANG H P, et al. Ab initio simulations of the atomic and electronic environment around B in Fe-Nb-B metallic glasses[J].Intermetallics,2019,112: 106501.

[118] LIM G, LEE K B, HAM H C. Effect of N-containing functional groups on CO_2 adsorption of carbonaceous materials: A density functional theory approach[J].Journal of Physical Chemistry C, 2016,120 (15): 8087-8095.

[119] MAO P G, YU B, LIU Z, et al. Mechanical properties and electronic structures of $MgCu_2$, Mg_2Ca and $MgZn_2$ laves phases by first principles calculations[J].Transacations of Nonferrous Metals Society

of China,2014,24（9）：2920-2929.

[120] KHALID S, MA Y, SUN X L, et al. Electronic and optical properties of Tl$_4$GeX$_3$（X=S, Se and Te）compounds for optoelectronics applications：insights from DFT-computations[J].Journal of Materials Research and Technology,2020,9（1）：413-420.

[121] VAHED A, KAY D A R. Thermodynamics of rare earths in steelmaking[J].Metallurgical Transactions B,1976,7（3）：375-383.

[122] 余宗森. 稀土在钢铁中的应用 [M]. 北京：冶金工业出版社，1987.

[123] 杜挺,韩其勇,王常珍. 稀土碱土等元素的物理化学及在材料中的应用 [M]. 北京：科学出版社,1995.

[124] 刘晓,杨吉春,高学中. 稀土 2Cr13 不锈钢中夹杂物的热力学分析及试验研究 [J]. 钢铁,2010,45（8）：65-69.

[125] 李文超. 钢中稀土夹杂物生成的热力学规律 [J]. 钢铁,1986,21（3）：7-12.

[126] 魏寿昆. 冶金过程热力学 [M]. 北京：科学出版社,1979.

[127] 王龙妹,杜挺,卢先利,等. 稀土元素在钢中的热力学参数及应用 [J]. 中国稀土学报,2003,21（3）：251-254.

[128] 陈家祥. 炼钢常用图表数据手册 [M]. 北京：冶金工业出版社,1984.

[129] 叶仲超,王石扬,汪晓川. IF 钢中的夹杂物 [J]. 金属学报,1999,35（10）：1057-1061.

[130] COOPER A S. Precise lattice constants of germanium, aluminum, gallium arsenide, uranium, sulphur, quartz and sapphire[J]. Acta Crystallographica,1962,15（6）：578-582.

[131] GATTERER J, DUFEK G, ETTMAYER P, et al. Das kubische Tantalmononitrid（B1-Typ）und seine Mischbarkeit mit den isotypen Übergangsmetallnitriden und-carbiden[J].Monatshefte Für Chemie/Chemical Monthly,1975,106（5）：1137-1147.

[132] RUSTAD J R. Density functional calculations of the enthalpies of formation of rare-earth orthophosphates[J].American Mineralogist,2012,97（5-6）：791-799.

[133] FU W T, DJW I. "Unusual" phase transitions in $CeAlO_3$[J]. Journal of Solid State Chemistry, 2006, 179 (47): 2732-2738.

[134] MIKAMI M, NAKAMURA S. Electronic structure of rare-earth sesquioxides and oxysulfides[J]. Journal of Alloys and Compounds, 2006, 408-412: 687-692.

[135] ELLNER M, PARK I. On the partial atomic volume of aluminum in solid solutions based on the 3d transition metals and copper[J]. Metallurgical Materials Transactions A, 2002, 33 (12): 3591-3595.

[136] 薛金祥, 章日光, 刘燕萍, 等. Ti, C, N 在 α-Fe 基中的合金化效应及对键合性质的影响 [J]. 物理学报, 2012, 61 (12): 127101.

[137] GATTERER J, DUFEK G, ETTMAYER P, et al. Das kubische tantalmononitrid (B1-Typ) und seine mischbarkeit mit den isotypen Übergangsmetallnitriden und-carbiden[J]. Monatshefte für Chemie-Chemical Monthly, 1975, 106 (5): 1137-1147.

[138] SCHÖNBERG N, OVEREND W G, MUNTHE-KAAS A, et al. An X-ray investigation on ternary phases in the Ta-Me-N systems (Me=Ti, Cr, Mn, Fe, Co, Ni)[J]. Acta Chemica Scandinavica, 1954, 8: 213-220.

[139] AHUJA R, ERIKSSON O, WILLS J M, et al. Structural, elastic, and high-pressure properties of cubic TiC, TiN, and TiO[J]. Physical Review B: Condensed Matter, 1996, 53 (6): 3072.

[140] YANG Y, LU H, YU C, et al. First-principles calculations of mechanical properties of TiC and TiN[J]. Journal of Alloys and Compounds, 2009, 485 (1-2): 542-547.

[141] OETZEL M, HEGER G. Laboratory X-ray powder diffraction: a comparison of different geometries with special attention to the usage of the Cu Kα doublet[J]. Journal of Applied Crystallography, 1999, 32 (4): 799-807.

[142] LIU Y, HUANG Y C, XIAO Z B, et al. First principles calculations of formation energies and elastic constants of inclusions α-Al_2O_3, MgO and AlN in aluminum alloy[J]. International Journal of

Modern Physics B, 2016, 30（16）: 1650085.

[143] KIM Y S. Crystallographic study of cerium aluminate（CeAlO$_3$）[J].Acta Crystallographica Section B, 1968, 24（2）: 295-296.

[144] PUSTOVOYCHENKO M, TYVANCHUK Y, HAYDUK I, et al. Crystal structure of the RE$_{11}$Ni$_4$In$_9$ compounds（RE=La, Ce, Pr, Nd, Sm, Gd, Tb and Y）[J].Intermetallics, 2010, 18（5）: 929-932.

[145] PICON M, PATRIE M. Sur les sous-sulfures des terres rares cériques. Comptes Rendus Hebdomadaires Des Seances De L Academie Des Sciences. 1956, 242: 1321.

[146] MATTSSON T R, MATTSSON A E, Calculating the vacancy formation energy in metals: Pt, Pd, and Mo[J].Physical Review B Condensed Matter, 2002, 66（21）: 214110.

[147] 张辉, 戚克振, 张国英, 等. 元素替代对 LiNH_2 储氢材料释氢能力影响的第一性原理研究 [J]. 物理学报, 2009, 58（11）: 8077-8082.

[148] KITTEL C, MCEUEN P. Introduction to solid state physics. Wiley, New York. 1986.

[149] LI X Q, ZHAO J J, XU J C. Mechanical properties of bcc Fe-Cr alloys by first-principles simulations[J].Frontiers of Physics in China, 2012, 7（3）: 360-365.

[150] ZHUKOV V P, GUBANOV V A, JEPSEN O, et al. Calculated energy-band structures and chemical bonding in titanium and vanadium carbides, nitrides and oxides[J].Journal of Physics Chemistry Solids, 1998, 49（7）: 841-849.

[151] KIM J O, ACHENBACH J D, MIRKARIMI P B, et al. Elastic constants of single-crystal transition-metal nitride films measured by line-focus acoustic microscopy[J].Journal of Applied Physics, 1992, 72（5）: 1805-1811.

[152] ZAOUI A, BOUHAFS B, RUTERANA P. First-principles calculations on the electronic structure of TiCxN$_{1-x}$, ZrxNb$_{1-x}$C and HfCxN$_{1-x}$ alloys[J].Materials Chemistry Physics, 2005, 91（1）: 108-115.

[153] LAZAR P, REDINGER J, PODLOUCKY R. Density functional theory applied to VN/TiN multilayers[J].Physical Review B, 2007,76（17）: 174112.

[154] GLADDEN J R, SO J H, MAYNARD J D, et al. Reconciliation of ab initio theory and experimental elastic properties of Al_2O_3[J].Applied Physics Letters,2004,85（3）: 392-394.

[155] HEARMON R F S. The elastic constants of crystals and other anisotropic materials. Landolt–Bornstein Tables. 1984, III/18: 1154.

[156] SHANG S L, WANG Y, LIU Z K. First–principles elastic constants of α – and θ –Al_2O_3[J].Applied Physics Letters,2007,90（10）: 101909.

[157] YAO H Z, OUYANG L Z, CHING W. Ab initio calculation of elastic constants of ceramic crystals[J].Journal of the American Ceramic Society,2010,90（10）: 3194-3204.

[158] ANDRIEVSKII R A, Spivak I I. Handbook of the strength of refractory compounds and materials based on them. Metallurgiya Chelyabinsk Branch, Moscow,1989.

[159] MENG W J, EESLEY G L. Growth and mechanical anisotropy of TiN thin films[J].Thin Solid Films,1995,271（1–2）: 108-116.

[160] DAVIS SERGIO, GUTIÉRREZ GONZALO. Structural, elastic, vibrational and electronic properties of amorphous Al_2O_3 from ab initio calculations[J].Journal of Physics– Condensed Matter,2011, 23（49）: 495401.

[161] PARLINSKI K, LI Z Q, KAWAZOE Y. First–principles determination of the soft mode in cubic ZrO_2[J].Physical Review Letter,1997,78（21）: 4063-4066.

[162] SHI G, ATKINSON H V, SELLARS C M, et al. Comparison of extreme value statistics methods for predicting maximum inclusion size in clean steels[J].Ironmaking & Steelmaking,1999,26（4）: 239-246.

[163] IYER A H S, STILLER K, LEIJON G, et al. Influence of dwell time on fatigue crack propagation in alloy 718 laser welds[J]. Materials Science and Engineering A, 2017, 704: 440-447.

[164] LIU C, REVILLA R I, ZHANG D W, et al. Role of Al_2O_3 inclusions on the localized corrosion of Q460NH weathering steel in marine environment [J].Corrosion Science, 2018, 138: 96-104.

[165] BOŃSKI P, KIEJNA A. Structural, electronic, and magnetic properties of bcc iron surfaces[J].Surface Science, 2007, 601（1）: 123-133.

[166] BOŃSKI P, KIEJNA A. Calculation of surface properties of bcc iron[J].Vacuum, 2004, 74（2）: 179-183.

[167] SPENCER M J S, HUNG A, SNOOK I K, et al. Density functional theory study of the relaxation and energy of iron surfaces[J]. Surface Science, 2002, 513: 389-398.

[168] EDER M, HAFNER J. Initial stages of oxidation of（100）and（110）surfaces of iron caused by water[J].Physical Review B, 2004, 64（11）: 115426.

[169] TYSON W R, MILLER W A. Surface free energies of solid metals: Estimation from liquid surface tension measurements[J]. Surface Science, 1977, 62（1）: 267-276.

[170] WANG Z Q, LI Y S, JONA F, et al. Epitaxial growth of body-centered-cubic nickel on iron[J].Solid State Communications, 1987, 61（10）: 623-626.

[171] JIANG D E, CARTER E A. Adsorption and diffusion energetics of hydrogen atoms on Fe（110）from first principles[J]. Surface science, 2003, 547（1-2）: 85-98.

[172] STIBOR A, KRESSE G, EICHLER A, et al. Density functional study of the adsorption of CO on Fe（110）[J].Surface Science, 2002, 507: 99-102.

[173] SHIH H D, JONA F, BARDI U, et al. The atomic structure of Fe（110）[J].Journal of Physics C Solid Physics, 1980, 13（19）: 3801.

[174] XU C, CONNOR D J. Surface relaxation trend study with iron surfaces[J].Nuclear Instruments & Methods in Physics Research, 1991,53（3）: 315-325.

[175] TIERNEY H L, BABER A E, KITCHIN J R, et al. Hydrogen dissociation and spillover on individual isolated palladium atoms[J]. Physical Review Letters,2009,103（24）: 246102.

[176] KYRIAKOU G, BOUCHER M B, JEWELL A D, et al. Isolated Metal Atom Geometries as a Strategy for Selective Heterogeneous Hydrogenations[J].Science,2012,335: 1209-1212.

[177] LIU M, JIN Y, ZHANG C H, et al. Density functional theory investigation of Al pitting corrosion in electrolyte containing chloride ions[J].Applied Surface Science,2015,357: 2028-2038.

[178] MA H, CHEN X Q, LI R H, et al. First-principles modeling of anisotropic anodic dissolution of metals and alloys in corrosive environments[J].Acta Materialia,2017,130: 137-146.

[179] HA H Y, PARK C J, KWON H S. Effects of misch metal on the formation of non-metallic inclusions and the associated resistance to pitting corrosion in 25% Cr duplex stainless steels[J].Scripta Materialia,2006,55（11）: 991-994.

[180] KIM S T, JEON S H, LEE I S, et al. Effects of rare earth metals addition on the resistance to pitting corrosion of super duplex stainless steel – Part 1[J].Corrosion Science,2010,52（6）: 1897-1904.

[181] ÅNMARK N, KARASEV A, JONSSON P G. The effect of different non-metallic inclusions on the machinability of steels[J]. Materials,2015,8（2）: 751-783.

[182] JIN T Y, CHENG Y F. In situ characterization by localized electrochemical impedance spectroscopy of the electrochemical activity of microscopic inclusions in an X100 steel[J].Corrosion Science,2011, 53（2）: 850-853.

[183] HOU Y H, XIONG G, LIU L L, et al. Effects of LaAlO$_3$ and La$_2$O$_2$S inclusions on the initialization of localized corrosion of

pipeline steels in NaCl solution[J].Scripta Materialia,2020,177：151–156.

[184] AFSHAR F N, WIT J H W D, TERRYN H, et al. Scanning Kelvin probe force microscopy as a means of predicting the electrochemical characteristics of the surface of a modified AA4xxx/AA3xxx（Al alloys）brazing sheet[J].Corrosion Science,2013,15：330–339.

[185] ZHENG S, LI. E C, QI Y, et al. Mechanism of（Mg, Al, Ca）–oxide inclusion– induced pitting corrosion in 316L stainless steel exposed to Sulphur environments containing chloride ion[J].Corrosion Science,2013,67：20–31.

[186] REVILLA R I, LIANG J, GODET S, et al. Local Corrosion Behavior of Additive Manufactured AlSiMg Alloy Assessed by SEM and SKPFM[J].Journal of the Electrochemical Society,2017,162（2）：C27–C35.

[187] SATHIRACHINDA N, PETTERSSON R, WESSMAN S, et al. Study of nobility of chromium nitrides in isothermally aged duplex stainless steels by using SKPFM and SEM/EDS [J].Corrosion Science,2010,52（1）：179–186.

[188] JACOBS H O, KNAPP H F, MÜLLER S, et al. Surface potential mapping：A qualitative material contrast in SPM[J].Ultramicroscopy,1997,69（1）：39–49.

[189] JACOBS H O, LEUCHTMANN P, HOMAN O J, et al. Resolution and contrast in Kelvin probe force microscopy [J].Journal of Applied Physics,1998,84（3）：1168–1173.

[190] GALVELE J R. Tafel's law in pitting corrosion and crevice corrosion susceptibility[J].Corrosion Science,2005,47（12）：3053–3067.

[191] LIU C, JIANG Z H, ZHAO J B, et al. Influence of rare earth metals on mechanisms of localised corrosion induced by inclusions in Zr–Ti deoxidised low alloy steel[J].Corrosion Science,2020,166：108463.

[192] WILDE B E, WILLIAMS E. The use of current/voltage curves for the study of localized corrosion and passivity breakdown on stainless steels in chloride media[J].Electrochimica Acta,1971,16（11）: 1971–1985.

[193] SHIBAEVA T V, LAURINAVICHYUTE V K, TSIRLINA G A, et al. The effect of microstructure and non–metallic inclusions on corrosion behavior of low carbon steel in chloride containing solutions[J].Corrosion Science,2014,80: 299–308.

[194] WIJESINGHE T L S L, BLACKWOOD D J. Real time pit initiation studies on stainless steels: the effect of sulphide inclusions[J].Corrosion Science,2007,49（4）: 1755– 1764.

[195] SAEIDI N, ASHRAFIZADEH F, NIROUMAND B, et al. EBSD study of micromechanisms involved in high deformation ability of DP steels[J].Materials & Design,2015,87: 130–137.

[196] MIKI Y J, THOMAS B G. Modeling of inclusion removal in a tundish[J].Metallurgical and Materials Transactions B,1999,30（4）: 639–654.

[197] SINHA A K, SAHAI Y. Mathematical modeling of inclusion transport and removal in continuous casting tundishes[J].ISJJ International,1993,33（5）: 556–566.

[198] HOU Y H, WANG J R, LIU L L, et al. Mechanism of pitting corrosion induced by inclusions in Al–Ti–Mg deoxidized high strength pipeline steel[J].Micron,2020,138: 102898.

[199] MICHAELSON H B. Work function of elements and its periodicity[J].Journal of Applied Physics,1977,48（11）: 4729–4733.

[200] JI D P, ZHU Q X, WANG S Q, et al. Detailed first–principles studies on surface energy and work function of hexagonal metals[J].Surface Science,2016,651: 137–146.

[201] TAN J B, WU X Q, HAN E H et al. Role of TiN inclusion on corrosion fatigue behavior of Alloy 690 steam generator tubes in borated and lithiated high temperature water[J].Corrosion Science, 2014,88: 349–359.

[202] WEI W Z, WU K M, ZHANG XIAN, et al. In-situ characterization of initial marine corrosion induced by rare-earth elements modified inclusions in Zr-Ti deoxidized low-alloy steels[J].Journal of Materials Research and Technology,2020,9（2）: 1412-1424.

[203] YU HAILIANG, LIU XIANGHUA, BI HONGYUN, et al. Deformation behavior of inclusions in stainless steel strips during multi-pass cold rolling[J].Journal of Materials Processing Technology, 2009,209（1）: 455-461.

[204] SZUMMER A, JANIK-CZACHOR M, HOFMANN S. Discontinuity of the passivating film at nonmetallic inclusions in stainless steels[J].Materials Chemistry & Physics,1993,34（2）: 181-183.

[205] HS K B R. Corrosion of austenitic stainless steels: mechanism, mitigation and monitoring[M].Elsevier,2012.

[206] XU Q F, GAO K W, LV W T, et al. Effects of alloyed Cr and Cu on the corrosion behavior of low-alloy steel in a simulated groundwater solution[J].Corrosion Science,2016,102: 114-124.

[207] BAKER M A, CASTLE J E. The initiation of pitting corrosion at MnS inclusions[J].Corrosion Science,1993,34（4）: 667-682.

[208] LEBAN M BAJT, T R. The effect of TiN inclusions and deformation-induced martensite on the corrosion properties of AISI 321 stainless steel[J].Engineering Failure Analysis,2013,33: 430-438.

[209] LIU C, REVILLA R I, LIU Z Y, et al. Effect of inclusions modified by rare earth elements（Ce,La）on localized marine corrosion in Q460NH weathering steel[J].Corrosion Science,2017,129: 82-93.

[210] ARAUJOA J VICTOR D S, D U, QUEIROZ, FERNANDA M O, et al. On the severe localized corrosion susceptibility of the AA2198-T851 alloy[J].Corrosion Science,2018,133: 132-40.

[211] 褚幼义,赵琳. 钢中稀土夹杂物鉴定 [M]. 北京:冶金工业出版社,1985.

策划编辑　刘　愚　李述娜　杜　倩
责任编辑　李述娜
封面设计　马静静

稀土Ce在钢中的赋存状态及对钢力学性能
和腐蚀性能的影响机理研究

ISBN 978-7-5770-0580-5

9 787577 005805 >

定价：80.00元